建筑工程造价导航

主　编　柴润照
副主编　王新燕　崔付华　胡继涛

黄河水利出版社
·郑州·

图书在版编目(CIP)数据

建筑工程造价导航/柴润照主编. —郑州:黄河
水利出版社,2023.9
ISBN 978-7-5509-3742-0

Ⅰ.①建… Ⅱ.①柴… Ⅲ.①建筑工程-工程造价
Ⅳ.①TU723.3

中国国家版本馆 CIP 数据核字(2023)第 185903 号

责任编辑	李晓红	责任校对	王单飞
封面设计	李思璇	责任监制	常红昕

出版发行 黄河水利出版社
　　　　　地址:河南省郑州市顺河路 49 号　邮政编码:450003
　　　　　网址:www.yrcp.com　E-mail:hhslcbs@126.com
　　　　　发行部电话:0371-66020550
承印单位 河南匠心印刷有限公司
开　　本 787 mm×1 092 mm　1/16
印　　张 12
字　　数 280 千字
版次印次 2023 年 9 月第 1 版　　　　　2023 年 9 月第 1 次印刷

定　　价 68.00 元

前　言

工程造价市场化改革正在火热进行中,市场化单价、企业定额正在风起云涌,却千差万别,但都需要遵循造价形成的底层逻辑。

工程造价单价如何考虑全面因素,既不多算也不漏算,本书梳理了全费用单价的框架和内容,便于对照费用内容进行查漏补缺。

工程造价初学者入门,经常像瞎子摸象一样,容易片面和误判,甚至工作很久了还没有经历过完整的工程造价,本书带领初学者从整体到细部再到整体,建立一个完整的造价概念。

本书从"活怎么干,账怎么算"入手,以施工阶段划分进行清单列项,如土方、基础、柱、墙、梁板、楼梯、二次构件(砌体、门窗、圈梁、过梁、构造柱)、装修装饰;以全面施工管理内容进行费用划分,如人工费、材料费、机械费、其他措施费、管理费、安全文明施工费、利润、规费、增值税;以施工消耗量进行测算,如人工消耗、材料用量、机械台班用量、模板架料的周转摊销等;以市场价格变动进行单价组合,如一层的柱子与八层的柱子价格就会不一样。

构成造价的因素还有很多:工期的长短、建筑规模面积的大小、新技术的应用、财务资金状况、零星用工情况、合同约定和履约情况等,都在本书中有所解读。

本书提供了造价自测工具。造价纠纷,大部分反映在合同单价的约定方面,工程施工无论是大包、清包还是零星用工,均可以根据书中"实体单价组成表",进行模拟测算,可进行事前预测、事中管控和事后汇总的"三算"对比,做到客观面对工程实际。

本书由柴润照担任主编,由王新燕、崔付华、胡继涛担任副主编,参加编写的有韩红霞、柴延龙、钟新春、贾新兵、柴梦圆。

本书编者从事工程造价工作已经 38 年,曾经就职于中国建筑第七工程局集团公司,创有河南一砖一瓦工程管理有限公司、河南一砖一瓦电子商务有限公司、河南兴河工程造价咨询有限公司,积累了一定的造价工作经验和岗位带徒经验。坚持"进来一块砖,走出一栋楼"的带徒理念,学以致用,以用促学,培养出一定数量工程造价适岗人才。

希望本书为工程造价市场化改革、建筑高校工程造价课改、社会个性化造价需求提供一定帮助。

本书响应社会呼声,根据实际需要编排,感谢同事们和社会同仁们的支持和帮助。书中不当之处在所难免,恳请贤仁批评指正。

编　者

2023 年 7 月

目　录

第一章　造价基础知识

本章要点

1. 全费用单价的构成。
2. 造价费用名词介绍。
3. 造价费用构成基本原理。

一、单价构成

在全费用单价模式下,单价构成包括人工费、材料费、机械使用费、企业管理费、利润、安全文明施工费、其他措施费、规费、增值税,如表 1-1 所示。

表 1-1　实体单价组成

工程名称:基础　　　　　　　　　　　　　　　　　　　　　　第 1 页　共 3 页

序号	项目编码	010515001001		项目名称	现浇构件钢筋
	项目特征	1. 钢筋种类、规格:Φ10 以内,三级钢			
	单位	t		数量	1
	分析表编号	工艺流程			
1	001	钢筋制作、运输、绑扎、安装等			
	费用组成				金额
a	人工费				913.87
b	材料费				3 501.56
e	机械费				21.55
f	管理费				270.6
g	利润				148.21
h	安全文明施工费				86.01
i	其他措施费用				39.57
j	规费				106.65
k	增值税				457.92
l	综合单价				4 855.79

序号	名称	单位	单价	含量	金额	备注
1	人工					
	综合工日	工日		7.61		

续表 1-1

序号	名称	单位	单价	含量	金额	备注
2	材料				3 501.56	
	镀锌铁丝	kg	5.95	5.64	33.56	
	钢筋	kg	3.4	1 020	3 468	
3	机械				21.55	
	折旧费	元	0.85	5.723 8	4.87	
	检修费	元	0.85	1.040 1	0.88	
	维护费	元	0.85	3.599 6	3.06	
	安拆费及场外运费	元	0.9	5.823 6	5.24	
	电	kW·h	0.7	10.712	7.5	

注:此表根据企业实际情况填写。

二、表格解析

参照《房屋建筑与装饰工程工程量计算规范》(GB 50854—2013)(简称《13 清单计价规范》)的规定,构成一个分部分项工程量清单有五个要件——项目编码、项目名称、项目特征、计量单位和工程量,这五个要件在分部分项工程量清单的组成中缺一不可。

(一)项目编码

《13 清单计价规范》规定了工程量清单编码的表示方式:12 位阿拉伯数字及其设置规定(见图 1-1)。一、二、三、四级编码为全国统一,即一至九位应按工程量计算规范附录的规定设置;第五级即十至十二位为清单项目编码,应根据拟建工程的工程量清单项目名称设置,不得有重码,这三位清单项目编码由工程量清单编制人针对招标工程项目具体编制,并应自 001 起顺序编制。

各位数字的含义是:一、二位为专业工程代码(01—房屋建筑与装饰工程;02—仿古建筑工程;03—通用安装工程;04—市政工程;05—园林绿化工程;06—矿山工程;07—构筑物工程;08—城市轨道交通工程;09—爆破工程。以后进入国标的专业工程代码,以此类推);三、四位为附录分类顺序码;五、六位为分部工程顺序码;七、八、九位为分项工程项目名称顺序码;十至十二位为工程量清单项目名称顺序码。

当同一标段(或合同段)的一份工程量清单中含有多个单位工程且工程量清单是以单位工程为编制对象时,在编制工程量清单时应特别注意对项目编码十至十二位的设置不得有重码的规定。例如,一个标段(或合同段)的工程量清单中含有三个单位工程,每一单位工程中都有项目特征相同的实心砖墙砌体,在工程量清单中又需反映三个不同单位工程的实心砖墙砌体工程量时,则第一个单位工程的实心砖墙的项目编码应为 010401003001,第二个单位工程的实心砖墙的项目编码应为 010401003002,第三个单位工程的实心砖墙的项目编码应为 010401003003,并分别列出各单位工程实心砖墙的工程量。

图 1-1 工程量清单编码的表示方式

工程建设中新材料、新技术、新工艺等不断涌现,《13清单计价规范》附录所列的工程量清单项目不可能包含所有项目。在编制工程量清单时,当出现《13清单计价规范》附录中未包括的清单项目时,编制人应做补充。在编制补充项目时应注意以下三个方面:

(1)补充项目的编码应按《13清单计价规范》的规定确定。具体做法如下:补充项目的编码由《13清单计价规范》的代码01与B和三位阿拉伯数字组成,并应从01B001起顺序编制,同一招标工程的项目不得重码。

(2)在工程量清单中应附补充项目的项目名称、项目特征、计量单位、工程量计算规则和工作内容。

(3)将编制的补充项目报省级或行业工程造价管理机构备案。

(二)项目名称

分部分项工程量清单的项目名称应按附录中的项目名称,结合拟建工程的实际确定。附录表中的"项目名称"为分项工程项目名称,是形成分部分项工程项目清单项目名称的基础。即在编制分部分项工程项目清单时,以附录中的分项工程项目名称为基础,考虑该项目的规格、型号、材质等特征要求,结合拟建工程的实际情况,使其工程量清单项目名称具体化、细化,以反映影响工程造价的主要因素。例如,"门窗工程"中"特种门"应区分"冷藏门""冷冻闸门""保温门""变电室门""隔音门""防射线门""人防门""金库门"等。清单项目名称应表达详细、准确,各专业工程量计算规范中的分项工程项目名称如有缺陷,招标人可做补充,并报当地工程造价管理机构(省级)备案。

(三)项目特征

工程量清单的项目特征是确定一个清单项目综合单价不可缺少的重要依据,在编制工程量清单时,必须对项目特征进行准确和全面的描述。但有些项目特征用文字往往又难以准确和全面地描述。为达到规范、简洁、准确、全面描述项目特征的要求,在描述工程量清单项目特征时应按以下原则进行:

(1)项目特征描述的内容应按《13清单计价规范》附录中的规定,结合拟建工程的实际,满足确定综合单价的需要。

(2)若采用标准图集或施工图纸能够全部或部分满足项目特征描述的要求,项目特征描述可直接采用"详见××图集或××图号"的方式。对不能满足项目特征描述要求的部分,仍应用文字描述。

分部分项工程项目清单的项目特征应按各专业工程工程量计算规范附录中规定的项目特征,结合技术规范、标准图集、施工图纸,按照工程结构、使用材质及规格或安装位置等,予以详细而准确的表述和说明。凡项目特征中未描述到的其他独有特征,由清单编制人视项目具体情况确定,以准确描述清单项目为准。

在各专业工程工程量计算规范附录中还有关于各清单项目"工程内容"的描述。工程内容是指完成清单项目可能发生的具体工作和操作程序,但应注意的是,在编制分部分项工程项目清单时,工程内容通常无须描述,因为在工程量计算规范中,工程量清单项目与工程量计算规则、工程内容有一一对应的关系,当采用工程量计算规范这一标准时,工程内容均有规定。

(四)计量单位

计量单位应采用基本单位,除各专业另有特殊规定外,均按以下单位计量:

(1)以质量计算的项目——吨或千克(t或kg)。

(2)以体积计算的项目——立方米(m^3)。

(3)以面积计算的项目——平方米(m^2)。

(4)以长度计算的项目——米(m)。

(5)以自然计量单位计算的项目——个、套、块、樘、组、台。

(6)没有具体数量的项目——宗、项……

各专业有特殊计量单位的,须另外加以说明。当计量单位有两个或两个以上时,应根据所编制工程量清单项目的特征要求,选择最适宜表现该项目特征并方便计量的单位。例如,门窗工程计量单位为"樘/m^2"两个计量单位,实际工作中,应选择最适宜、最方便计量和组价的单位来表示。

工程计量时每一项目汇总的有效位数应遵守下列规定:

(1)以"t"为单位,应保留小数点后三位数字,第四位小数四舍五入。

(2)以"m""m^2""m^3""kg"为单位,应保留小数点后两位数字,第三位小数四舍五入。

(3)以"个""件""根""组""系统"为单位,应取整数。

(五)工程量

工程量主要通过工程量计算规则计算得到。工程量计算规则是指对清单项目工程量计算的规定。除另有说明外,所有清单项目的工程量应以实体工程量为准,并以完成后的净值计算;在投标人投标报价时,应在单价中考虑施工中的各种损耗和需要增加的工程量。

现行国家计量规范划分为房屋建筑与装饰工程、仿古建筑工程、通用安装工程、市政工程、园林绿化工程、矿山工程、构筑物工程、城市轨道交通工程、爆破工程等各类工程。

以房屋建筑与装饰工程为例,工程量计算规范中规定的分类项目包括土石方工程,地基处理及边坡支护工程,桩基工程,砌筑工程,混凝土及钢筋混凝土工程,金属结构工程,木结构工程,门窗工程,屋面及防水工程,保温、隔热、防腐工程,楼地面装饰工程,墙、柱面装饰工程与隔断、幕墙工程,天棚工程,油漆、涂料、裱糊工程,其他装饰工程,拆除工程,措施项目,分别制定了工程量计算规则。

(六)清单五要素的作用

(1)项目编码:用于对工程项目进行编号,方便识别和管理,避免混淆。

(2)项目名称:提供该项工程量清单所包含项目的名称,让人一目了然,易于理解。

(3)项目特征:描述了该项工程所具有的特殊性质或特点,在众多工程项目中进行区分。

(4)计量单位:明确该项工程量的计量单位,用于标识工程量的数值,方便计算及检查。

(5)工程量:指具体的施工量或使用量,是对工程项目进行核算和结算的基础,也是整个工程项目的核心内容。

投标人必须按照招标工程量清单填报价格。项目编码、项目名称、项目特征、计量单位、工程量必须与招标工程量清单一致。

三、造价费用构成基本原理

(一) 分部分项工程费

1.人工费

人工费是指按工资总额构成规定,支付给从事建筑安装工程施工的生产工人和附属生产单位工人的各项费用。

$$人工费 = 人工工日消耗量 \times 人工单价$$

人工工日按 8 h 工作制计算。

$$人工工日消耗量 = 基本用工+辅助用工+超运距用工+人工幅度差用工$$

1)基本用工

基本用工是指完成一定计量单位的分项工程或结构构件的各项工作过程的施工任务所必需消耗的技术工种用工。按技术工种相应劳动定额工时定额计算,以不同工种列出定额工日。基本用工包括:

(1)完成定额计量单位的主要用工。例如,工程实际中的砖基础,有 1 砖厚、1 砖半厚、2 砖厚等之分,用工各不相同,在预算定额中由于不区分厚度,需要按照统计的比例,加权平均得出综合的人工消耗。

(2)按劳动定额规定应增(减)计算的用工量。由于预算定额是在施工定额子目的基础上综合扩大的,工作内容较多,施工的工效视具体部位而不一样,所以需要另外增加人工消耗,而这种人工消耗也可以列入基本用工内。

2)其他用工

其他用工是辅助基本用工消耗的工日,包括超运距用工、辅助用工和人工幅度差用工。

(1)超运距用工。超运距是指劳动定额中已包括的材料、半成品场内水平搬运距离与预算定额所考虑的现场材料、半成品堆放地点到操作地点的水平运输距离之差。需要指出,实际工程现场运距超过预算定额取定运距时,可另行计算现场二次搬运费。

(2)辅助用工。即技术工种劳动定额内不包括而在预算定额内又必须考虑的用工。如机械土方工程配合用工、材料加工(筛砂、洗石、淋化石膏),电焊点火用工等。

(3)人工幅度差用工。即预算定额与劳动定额的差额,主要是指在劳动定额中未包括,而在正常施工情况下不可避免但又很难准确计量的用工和各种工时损失。人工幅度差系数一般为 10%~15%。

人工幅度差内容包括：

①各工种间的工序搭接及交叉作业相互配合或影响所发生的停歇用工。

②施工过程中，移动临时水电线路而造成的影响工人操作的时间。

③工程质量检查和隐蔽工程验收工作而影响工人操作的时间。

④同一现场内单位工程之间因操作地点转移而影响工人操作的时间。

⑤工序交接时对前一工序不可避免的修整用工。

⑥施工中不可避免的其他零星用工。

3）人工日工资单价内容

（1）计时工资或计件工资：是指按计时工资标准和工作时间或对已做工作按计件单价支付给个人的劳动报酬。

（2）奖金：是指对超额劳动和增收节支支付给个人的劳动报酬。如节约奖、劳动竞赛奖等。

（3）津贴补贴：是指为了补偿职工特殊或额外的劳动消耗和因其他特殊原因支付给个人的津贴，以及为了保证职工工资水平不受物价影响支付给个人的物价补贴。如流动施工津贴、特殊地区施工津贴、高温（寒）作业临时津贴、高空津贴等。

（4）加班加点工资：是指按规定支付的在法定节假日工作的加班工资和在法定工作日工作时间外延时工作的加点工资。

（5）特殊情况下支付的工资：是指根据国家法律、法规和政策规定，因病、工伤、产假、计划生育假、婚丧假、事假、探亲假、定期休假、停工学习、执行国家或社会义务等原因按计时工资标准或计时工资标准的一定比例支付的工资。

4）影响人工日工资单价的因素

影响人工日工资单价的因素很多，归纳起来有以下几方面：

（1）社会平均工资水平。建筑安装工人人工日工资单价必然和社会平均工资水平趋同。社会平均工资水平取决于经济发展水平。由于经济的增长，社会平均工资也会增长，从而影响人工日工资单价的提高。

（2）消费价格指数。消费价格指数的提高会影响人工日工资单价的提高，以减少生活水平的下降或维持原来的生活水平。消费价格指数的变动取决于物价的变动，尤其取决于消费品及服务价格水平的变动。

（3）人工日工资单价的组成内容。

（4）劳动力市场供需变化。劳动力市场如果需求大于供给，人工日工资单价就会提高；供给大于需求，市场竞争激烈，人工日工资单价就会下降。

（5）政府推行的社会保障和福利政策也会影响人工日工资单价的变动。

人工单价由工程造价管理机构结合建筑市场情况，定期发布相应的价格指数调整。综合工日包括人工工日和机械台班工日。

2. 材料费

材料费是指施工过程中耗费的原材料、辅助材料、构配件、零件、半成品或成品、工程设备的费用，采用的材料（包括构配件、零件、半成品、成品）均为符合国家质量标准和相应设计要求的合格产品。

材料费 = ∑(材料数量×材料单价)

材料包括施工中消耗的主要材料、辅助材料、周转材料和其他材料。

材料消耗量包括净用量和损耗量。规范(设计文件)规定的预留量、搭接量不在损耗中考虑。

材料单价内容包括：

(1)材料原价：是指材料、工程设备的出厂价格或商家供应价格。

(2)运杂费：是指材料、工程设备自来源地运至工地仓库或指定堆放地点所发生的全部费用。

(3)运输损耗费：是指材料在运输装卸过程中不可避免的损耗。

(4)采购及保管费：是指为组织采购、供应和保管材料、工程设备的过程中所需要的各项费用。包括采购费、仓储费、工地保管费、仓储损耗费。

在工程造价的不同阶段(招标、投标、结算)，材料价格可按约定调整。

工程设备是指构成或计划构成永久工程一部分的机电设备、金属结构设备、仪器装置及其他类似的设备和装置(注意总承包服务费计取中不含该费用)。

因施工场地条件限制而发生的材料、构配件、半成品等一次运输不能到达堆放地点，必须进行二次或多次搬运所发生的费用，属于其他措施费中的二次搬运费。

用于必然发生，不能确定价格的材料，列为材料暂估价，材料暂估价属于其他项目，需要注意材料暂估单价列入清单综合单价中，其他项目中不计入该费用。

若甲方供应材料，乙方进行保管，注意保管费的计取(见表1-2)。

表1-2 材料运输损耗率、采购及保管费费率(除税价格)

序号	材料类别名称	运输损耗率/%		采购及保管费费率/%	
		承包方提运	现场交货	承包方提运	现场交货
1	砖、瓦、砌块	1.74		2.41	1.69
2	石灰、砂、石子	2.26		3.01	2.11
3	水泥、陶粒、耐火土	1.16		1.81	1.27
4	饰面材料、玻璃	2.33		2.41	1.69
5	卫生洁具	1.17		1.21	0.84
6	灯具、开关、插座	1.17		1.21	0.84
7	电缆、配电箱(屏、柜)			0.84	0.60
8	金属材料、管材			0.96	0.66
9	其他材料	1.16		1.81	1.27

注：1.业主供应材料(简称甲供材料)时，甲供材料应以除税价格计入相应的综合单价子目内。

2.材料单价(除税)=(除税原价+材料运杂费)×(1+运输损耗率+采购及保管费费率)。

或：材料单价(除税)=材料供应到现场的价格×(1+采购及保管费费率)。

3.业主指定材料供应商并由承包方采购时，双方应依据上一条的方法计算，该价格与综合单价材料取定价格的差异应计算材料差价。

4.甲供材料到现场，承包方现场保管费可按下列公式计算(该保管费可在税后返还甲供材料费内抵扣)：

现场保管费=供应到现场的材料价格×表中的"现场交货"费率。

保管费也可计取在总承包服务费里,总承包服务费的服务内容包含配合协调发包人进行的专业工程发包,对发包人自行采购的材料、工程设备等进行保管,以及施工现场管理、竣工验收资料整理等。

业主单独发包的专业施工与主体施工交叉进行或虽未交叉进行,但业主要求主体承包单位履行总包责任(现场协调、竣工验收资料整理等)的工程,可另外计取总承包服务费。总承包服务费由业主承担。其费用可约定,或按单独发包专业工程含税工程造价的1.5%计价(不含工程设备)。

甲供材料的注意事项:

发包人提供的材料和工程设备(简称甲供材料)应在招标文件中按照《13清单计价规范》附录L.1的规定填写"发包人提供材料和工程设备一览表",写明甲供材料的名称、规格、数量、单价、交货方式、交货地点等。

承包人投标时,甲供材料单价应计入相应项目的综合单价中,签约后,发包人应按合同约定扣除甲供材料款,不予支付。

承包人应根据合同工程进度计划的安排,向发包人提交甲供材料交货的日期计划。发包人应按计划提供。

发包人提供的甲供材料若规格、数量或质量不符合合同要求,或由于发包人原因发生交货日期延误、交货地点及交货方式变更等情况,发包人应承担由此增加的费用和(或)工期延误,并应向承包人支付合理利润。

发承包双方对甲供材料的数量发生争议不能达成一致的,应按照相关工程的计价定额同类项目规定的材料消耗量计算。

若发包人要求承包人采购已在招标文件中确定为甲供材料的,材料价格应由发承包双方根据市场调查确定,并应另行签订补充协议。

3. 施工机具使用费

施工机具使用费是指施工作业所发生的施工机械、仪器仪表使用费或其租赁费。

$$施工机具使用费 = \sum (机械台班数量 \times 机械台班单价)$$

施工机械使用费以施工机械台班耗用量乘以施工机械台班单价表示,施工机械台班单价应由下列七项费用组成:

(1)折旧费:是指施工机械在规定的使用年限内,陆续收回其原值的费用。

(2)大修理费:是指施工机械按规定的大修理间隔台班进行必要的大修理,以恢复其正常功能所需的费用。

(3)经常修理费:是指施工机械除大修理以外的各级保养和临时故障排除所需的费用。包括为保障机械正常运转所需替换设备与随机配备工具附具的摊销和维护费用,机械运转中日常保养所需润滑与擦拭的材料费用及机械停滞期间的维护和保养费用等。

(4)安拆费及场外运费:安拆费指施工机械(大型机械除外)在现场进行安装与拆卸所需的人工、材料、机械和试运转费用以及机械辅助设施的折旧、搭设、拆除等费用;场外运费指施工机械整体或分体自停放地点运至施工现场或由一施工地点运至另一施工地点的运输、装卸、辅助材料及架线等费用。

(5)人工费:是指机上司机(司炉)和其他操作人员的人工费。

(6)燃料动力费:是指施工机械在运转作业中所消耗的各种燃料及水、电等。

(7)税费:是指施工机械按照国家规定应缴纳的车船使用税、保险费及年检费等。

仪器仪表使用费:是指工程施工所需使用的仪器仪表的摊销及维修费用。

机械台班按8 h工作制计算。

4. 企业管理费

企业管理费是指建筑安装企业组织施工生产和经营管理所需的费用。内容包括:

(1)管理人员工资。是指按规定支付给管理人员的计时工资、奖金、津贴补贴、加班加点工资及特殊情况下支付的工资等。

(2)办公费。是指企业管理办公用的文具、纸张、账表、印刷、邮电、书报、办公软件、现场监控、会议、水电、烧水和集体取暖降温(包括现场临时宿舍取暖降温)等费用。

(3)差旅交通费。是指职工因公出差、调动工作的差旅费、住勤补助费,市内交通费和误餐补助费,职工上下班交通补贴费,职工探亲路费,劳动力招募费,职工退休、退职一次性路费,工伤人员就医路费,工地转移费,以及管理部门使用的交通工具的油料、燃料等费用。

(4)固定资产使用费。是指管理和试验部门及附属生产单位使用的属于固定资产的房屋、设备、仪器等的折旧、大修、维修或租赁费。

(5)工具用具使用费。是指企业施工生产和管理使用的不属于固定资产的工具、器具、家具、交通工具和检验、试验、测绘、消防用具等的购置、维修和摊销费。

(6)劳动保险和职工福利费。是指由企业支付的职工退职金、按规定支付给离休干部的经费,集体福利费、夏季防暑降温、冬季取暖补贴、上下班交通补贴等。

(7)劳动保护费。是企业按规定发放的劳动保护用品的支出。如工作服、手套、防暑降温饮料以及在有碍身体健康的环境中施工的保健费用等。

(8)检验试验费。是指施工企业按照有关标准规定,对建筑以及材料、构件和建筑安装物进行一般鉴定、检查所发生的费用,包括自设试验室进行试验所耗用的材料等费用。不包括新结构、新材料的试验费,对构件做破坏性试验及其他特殊要求检验试验的费用和建设单位委托检测机构进行检测的费用,对此类检测发生的费用,由建设单位在工程建设其他费用中列支。但对施工企业提供的具有合格证明的材料进行检测不合格的,该检测费用由施工企业支付。

(9)工会经费。是指企业按《中华人民共和国工会法》规定的全部职工工资总额比例计提的工会经费。

(10)职工教育经费。是指按职工工资总额的规定比例计提,企业为职工进行专业技术和职业技能培训,专业技术人员继续教育、职工职业技能鉴定、职业资格认定以及根据需要对职工进行各类文化教育所发生的费用。

(11)财产保险费。是指施工管理用财产、车辆等的保险费用。

(12)财务费。是指企业为施工生产筹集资金或提供预付款担保、履约担保、职工工资支付担保等所发生的各种费用。

(13)税金。是指企业按规定缴纳的房产税、车船使用税、土地使用税、印花税等。

(14)工程项目附加税费。是指国家税法规定的应计入建筑安装工程造价内的城市维护建设税、教育费附加以及地方教育附加。

（15）其他。包括技术转让费、技术开发费、投标费、业务招待费、绿化费、广告费、公证费、法律顾问费、审计费、咨询费、保险费等。

5. 利润

利润是指施工企业完成所承包工程获得的盈利。

（二）措施项目费

措施项目费是指为完成建设工程施工，发生于该工程施工前和施工过程中的技术、生活、安全、环境保护等方面的费用。内容包括以下几项。

1. 安全文明施工费

安全文明施工费是指按照国家现行的建筑施工安全、施工现场环境与卫生标准及有关规定，购置和更新施工安全防护用具及设施、改善安全生产条件和作业环境及因施工现场扬尘污染防治标准提高所需要的费用。

（1）环境保护费。是指施工现场为达到环保部门要求所需要的各项费用。

（2）文明施工费。是指施工现场文明施工所需要的各项费用。

（3）安全施工费。是指施工现场安全施工所需要的各项费用。

（4）临时设施费。是指施工企业为进行建设工程施工所必需搭设的生活和生产用的临时建筑物、构筑物和其他临时设施费用。包括临时设施的搭设、维修、拆除、清理费或摊销费等。

（5）扬尘污染防治增加费。是根据河南省实际情况，施工现场扬尘污染防治标准提高所需增加的费用。

注意：主体承包单位、专业分包单位关于安全文明施工费的分割原则。（河南2016版预算定额原则，具体结合自身省份规定）

业主可依据以下原则，在招标文件或合同中明确给予主体承包单位安全文明施工费的合理补偿：

（1）凡是在现场未完成任何安全、文明设施且免费使用主体承包单位提供的一切设施的专业分包单位，应将本专业计取的安全、文明施工费全额补偿给主体承包单位。

（2）如果仅在现场自行修建办公场所、仓库或有偿使用办公场所、仓库的专业分包单位，应将本专业计取的安全、文明施工费的60%补偿给主体承包单位。

（3）属于其他情况的，可另行协商。实行交钥匙的总承包单位，且自行分包专业工程的，安全、文明施工费问题由总承包单位解决。

2. 单价类措施费

单价类措施费是指计价定额中规定的，在施工过程中可以计量的措施项目。内容包括：

（1）脚手架费。是指施工需要的各种脚手架搭、拆、运输费用及脚手架购置费的推销（或租赁）费用。

（2）垂直运输费。

（3）超高增加费。

（4）大型机械设备进出场及安拆费。是指计价定额中列项的大型机械设备进出场及安拆费。

（5）施工排水及井点降水。

（6）其他。

3. 其他措施费（费率类）

其他措施费是指计价定额中规定的,在施工过程中不可计量的措施项目。内容包括:

（1）夜间施工增加费。是指因夜间施工所发生的夜班补助费、夜间施工降效、夜间施工照明设备摊销及照明用电等费用。

（2）二次搬运费。是指因施工场地条件限制而发生的材料、构配件、半成品等一次运输不能到达堆放地点,必须进行二次或多次搬运所发生的费用。

（3）冬雨季施工增加费。是指在冬雨季施工需增加的临时设施、防滑、除雪,人工及施工机械效率降低等费用。

（三）其他项目费

（1）暂列金额。是指建设单位在工程量清单中暂定并包括在工程合同价款中的一笔款项。用于施工合同签订时尚未确定或者不可预见的所需材料、工程设备、服务的采购,施工中可能发生的工程变更、合同约定调整因素出现时的工程价款调整,以及发生的索赔、现场签证确认等的费用。

（2）计日工。是指在施工过程中,施工企业完成建设单位提出的施工图纸以外的零星项目或工作所需的费用。

（3）总承包服务费。是指总承包人为配合、协调建设单位进行的专业工程发包,对建设单位自行采购的材料、工程设备等进行保管以及施工现场管理、竣工资料汇总整理等服务所需的费用。

（4）其他项目。

（四）规费

规费是指按国家法律、法规规定,由省级政府和省级有关权力部门规定必须缴纳或计取的费用。内容包括:

（1）社会保险费。

①养老保险费。是指企业按照规定标准为职工缴纳的基本养老保险费。

②失业保险费。是指企业按照规定标准为职工缴纳的失业保险费。

③医疗保险费。是指企业按照规定标准为职工缴纳的基本医疗保险费。

④生育保险费。是指企业按照规定标准为职工缴纳的生育保险费。

⑤工伤保险费。是指企业按照规定标准为职工缴纳的工伤保险费。

（2）住房公积金。是指企业按规定标准为职工缴纳的住房公积金。

（3）工程排污费。是指按规定缴纳的施工现场工程排污费。

（4）其他应列而未列入的规费,按实际发生计取。

（五）增值税

增值税是根据国家有关规定,计入建筑安装工程造价内的增值税。

2016 年 5 月 1 日,营业税改为增值税,增值税分为一般计税、简易计税。

1. 简易计税的适用范围

根据《营业税改征增值税试点实施办法》(财税〔2016〕36 号)、《营业税改征增值税试点有关事项的规定》(财税〔2016〕36 号附件 2)及《关于建筑服务等营改增试点政策的通知》(财税〔2017〕58 号)的规定,简易计税方法主要适用于以下几种情况:

(1)小规模纳税人发生应税行为适用简易计税方法计税。小规模纳税人通常是指纳税人提供建筑服务的年应征增值税销售额未超过 500 万元,并且会计核算不健全,不能按规定报送有关税务资料的增值税纳税人。年应征增值税销售额超过 500 万元但不经常发生应征增值税行为的单位也可选择按照小规模纳税人计税。

(2)一般纳税人以清包工方式提供的建筑服务,可以选择适用简易计税方法计税。以清包工方式提供建筑服务,是指施工方不采购建筑工程所需的材料或只采购辅助材料,并收取人工费、管理费或者其他费用的建筑服务。

(3)一般纳税人为甲供工程提供的建筑服务,可以选择适用简易计税方法计税。甲供工程是指全部或部分设备、材料、动力由工程发包方自行采购的建筑工程。其中建筑工程总承包单位为房屋建筑的地基与基础、主体结构提供工程服务,建设单位自行采购全部或部分钢材、混凝土、砌体材料、预制构件的,适用简易计税方法计税。

(4)一般纳税人为建筑工程老项目提供的建筑服务,可以选择适用简易计税方法计税。建筑工程老项目是指:①"建筑工程施工许可证"注明的合同开工日期在 2016 年 4 月 30 日前的建筑工程项目;②未取得"建筑工程施工许可证"的,建筑工程承包合同注明的开工日期在 2016 年 4 月 30 日前的建筑工程项目。

2. 简易计税的计算方法

当采用简易计税方法时,建筑业增值税税率为 3%。计算公式为:

$$增值税 = 税前造价 \times 3\%$$

税前造价为人工费、材料费、机械使用费、企业管理费、利润和规费之和,各费用项目均以包含增值税进项税额的含税价格计算。

像河南 2016 预算定额中,定额编制采用一般计税模式,若采用简易计税模式,需要注意以下几点(具体结合所在省份要求):

(1)简易计税模式下,材料费中的"其他材料费(元)""检验材料费(元)""供电通信设备费(占材料费)(%)""液压设备费(占材料费)(%)""其他材料费(%)""其他材料费(占人工费)(%)"按 1.165 的系数计算含税价。

(2)简易计税模式下,采用租赁价(含税)调差的机械,其机械费不再调整"1 - 11.34%"相应系数。

(3)简易计税下材料价按照含税价调整材料,一般计税下材料价按照不含税价调整材料。

2018 年 5 月 1 日,工程造价计价依据中一般计税方法时增值税税率由 11% 调整为 10%,原适用于 17%、11% 的建筑材料增值税税率相应调整为 16%、10%。

2019 年 4 月 1 日,工程造价计价依据中一般计税方法时增值税税率由 10% 调整为 9%。

全费用单价＝人工费+材料费+机械使用费+其他措施费+

安全文明施工费+企业管理费+利润+规费+税金

造价费用构成基本原理是建筑工程造价测算的基础理论,它的重要性表现在以下几个方面:

(1)保证造价计算的准确性:依据造价费用构成基本原理,可以将建筑工程的实际成本进行科学、合理、准确的计算,从而保证了造价计算的准确性。

(2)为工程投资提供重要参考:通过应用造价费用构成基本原理,可以了解到建筑工程各环节的具体费用构成,为工程投资提供了重要参考和决策依据。

(3)为建筑工程合同的签订提供依据:根据造价费用构成基本原理确定建筑工程各项费用,可以作为建筑工程合同的签订依据,保障了建筑工程施工合同的公正性和合法性。

(4)有助于控制成本:通过对造价费用构成基本原理的应用,可以了解到造价产生的具体原因和构成形式,有助于控制建筑工程成本,提高工程效益。

因此,了解和应用造价费用构成基本原理对建筑工程的管理和运营具有重要的意义。

工程造价计价程序表见表1-3。

表1-3　工程造价计价程序表(一般计税方法)

序号	费用名称	计算公式	备注
1	分部分项工程费	[1.2]+[1.3]+[1.4]+[1.5]+[1.6]+[1.7]	
1.1	其中:综合工日	定额基价分析	
1.2	定额人工费	定额基价分析	
1.3	定额材料费	定额基价分析	
1.4	定额机械费	定额基价分析	
1.5	定额管理费	定额基价分析	
1.6	定额利润	定额基价分析	
1.7	调差:	[1.7.1]+[1.7.2]+[1.7.3]+[1.7.4]	
1.7.1	人工费差价		
1.7.2	材料费差价		不含税价调差
1.7.3	机械费差价		
1.7.4	管理费差价		按规定调差
2	措施项目费	[2.2]+[2.3]+[2.4]	
2.1	其中:综合工日	定额基价分析	
2.2	安全文明施工费	定额基价分析	不可竞争费
2.3	单价类措施费	[2.3.1]+[2.3.2]+[2.3.3]+[2.3.4]+[2.3.5]+[2.3.6]	
2.3.1	定额人工费	定额基价分析	
2.3.2	定额材料费	定额基价分析	

续表 1-3

序号	费用名称	计算公式	备注
2.3.3	定额机械费	定额基价分析	
2.3.4	定额管理费	定额基价分析	
2.3.5	定额利润	定额基价分析	
2.3.6	调差:	$[2.3.6.1]+[2.3.6.2]+[2.3.6.3]+[2.3.6.4]$	
2.3.6.1	人工费差价		
2.3.6.2	材料费差价		不含税价调差
2.3.6.3	机械费差价		
2.3.6.4	管理费差价		按规定调差
2.4	其他措施费(费率类)	$[2.4.1]+[2.4.2]$	
2.4.1	其他措施费(费率类)	定额基价分析	
2.4.2	其他(费率类)		按约定
3	其他项目费	$[3.1]+[3.2]+[3.3]+[3.4]+[3.5]$	
3.1	暂列金额		按约定
3.2	专业工程暂估价		按约定
3.3	计日工		按约定
3.4	总承包服务费	业主分包专业工程造价×费率	按约定
3.5	其他		按约定
4	规费	$[4.1]+[4.2]+[4.3]$	不可竞争费
4.1	定额规费	定额基价分析	
4.2	工程排污费		据实计取
4.3	其他		
5	不含税工程造价	$[1]+[2]+[3]+[4]$	
6	增值税	$[5]×11\%$	一般计税方法
7	含税工程造价	$[5]+[6]$	

第二章　土方工程

本章要点

1. 施工工艺与造价列项。
2. 工程量计算规则及注意事项。
3. 组价要点及注意事项。

一般情况下,土方工程施工流程为:平整场地—土方挖、装、堆、运—基础结构—土方回填,接下来分别介绍。

一、平整场地

结合《房屋建筑与装饰工程消耗量定额》(TY 01-31—2015)进行如下整理。

(一)平整场地中的"平"与三通一平中"平"的区别

三通一平工程是建设项目进行施工准备必需的工作内容,属于建设前期工作,"平"指的是施工现场的场地平整工程。

建筑工程在施工前往往需要对施工现场高低不平的自然地面进行改造,即对场地进行挖土、填土、找平等,从而使得场地能够满足施工的需要,以便进行建筑工程的测量、放线和定位,这项工作称为平整场地。

平整场地适用于所有建筑物和构筑物的测量、放线、定位和打龙门桩前的一次性场地平整工作,分为人工平整场地与机械平整场地。

(二)平整场地的工作内容

厚度在±300 mm 以内的就地挖、填、找平等内容,挖填土方厚度>+300 mm 时,全部厚度按一般土方相应规定计算,但仍应计算平整场地。

注意,无论总包单位先行放线、而后开挖,还是单独分包单位先行开挖、而后放线,总包单位一定要在施工放线之后,才能进行建筑物本体施工。要施工放线,就需要场地平整。因此,任何情况下,总包单位都应计算一次场地平整。[参考《河南省房屋建筑与装饰工程预算定额》(HA 01-31—2016)]

(三)平整场地工程量计算规则

按设计图示尺寸,以建筑物首层建筑面积[参考《建筑工程建筑面积计算规范》(GB/T 50353—2013)]计算。当建筑物地下室结构外边线突出首层结构外边线时,其突出部分的建筑面积与首层建筑面积合并计算。

二、挖土方

(一)土方开挖组价注意事项

(1)土方开挖考虑的因素有开挖方式、开挖类型、土壤类型、土方堆运。

（2）土方开挖类型的划分：挖土方分为挖沟槽土方、挖基坑土方及挖一般土方，底长≤3倍底宽（设计图示垫层或基础的底宽），且底面面积≤150 m² 为基坑。

（3）土石方工程土壤按一、二类土，三类土和四类土分类（见表2-1）。

表 2-1　土石方工程土壤分类

土壤分类	土壤名称	开挖方法
一、二类土	粉土、砂土（粉砂、细砂、中砂、粗砂、砾砂）、粉质黏土、弱中盐渍土、软土（淤泥质土、泥炭、泥炭质土）、软塑红黏土、冲填土	用锹，少许用镐、条锄开挖。机械能全部直接铲挖满载者
三类土	黏土、碎石土（圆砾、角砾）混合土、可塑红黏土、硬塑红黏土、强盐渍土、素填土、压实填土	主要用镐、条锄，少许用锹开挖。机械需部分刨松方能铲挖满载者，或可直接铲挖但不能满载者
四类土	碎石土（卵石、碎石、漂石、块石）、坚硬红黏土、超盐渍土、杂填土	全部用镐、条锄挖掘，少许用撬棍挖掘。机械须普遍刨松方能铲挖满载者

注：本表土壤的名称及其含义按现行国家标准《岩土工程勘察规范》（GB 50021—2001）（2009 年局部修订版）定义。

（4）挖掘机（含小型挖掘机）挖土方项目，已综合了挖掘机挖土方和挖掘机挖土后，基底和边坡遗留厚度≤0.3 m 的人工清理和修整。使用时不得调整，人工基底清理和边坡修整不另行计算。

（5）小型挖掘机，是指斗容量≤0.30 m³ 的挖掘机，适用于基础（含垫层）底宽≤1.2 m 的沟槽土方工程或底面面积≤8 m² 的基坑土方工程。

（6）土方子目按干土编制。人工挖、运湿土时，相应项目人工乘以系数 1.18；机械挖、运湿土时，相应项目人工、机械乘以系数 1.15。采取降水措施后，人工挖、运土相应项目人工乘以系数 1.09，机械挖、运土不再乘以系数。

（7）当人工挖一般土方、沟槽、基坑深度超过 6 m 时，6 m<深度≤7 m，按深度≤6 m 相应项目人工乘以系数 1.25；7 m<深度≤8 m，按深度≤6 m 相应项目人工乘以系数 1.25^2；以此类推。

（8）挡土板内人工挖槽时，相应项目人工乘以系数 1.43。

（9）桩间挖土不扣除桩所占体积，相应项目人工、机械乘以系数 1.50。

（10）满堂基础垫层底以下局部加深的槽坑，按槽坑相应规则计算工程量，从垫层底向下挖土按自身深度计算。执行相应项目人工、机械乘以系数 1.25，槽坑内的土方运输可另列项目计算。

（11）推土机推土，当土层平均厚度≤0.30 m 时，相应项目人工、机械乘以系数 1.25。

（12）挖掘机在垫板上作业时，相应项目人工、机械乘以系数 1.25。挖掘机下铺设垫板、汽车运输道路上铺设材料时，其费用另行计算。

（13）场区（含地下室顶板以上）回填，相应项目人工、机械乘以系数 0.90。

（14）土方开挖运距结合实际现场情况。

（15）土方采用机械开挖,考虑大型机械进出场费,见措施章节内容。

(二)土方开挖工程量计算规则

（1）在计算土方工程量前,应根据施工组织设计及地质勘探报告、设计施工图纸等资料,确定以下内容:

①土壤的类别:土方工程土壤类别的划分。

②地下水位标高及排(降)水方法。

③土方、沟槽、基坑挖(填)起止标高。

④开挖深度是否在《河南省房屋建筑与装饰工程预算定额》(HA 01-31—2016)中规定的放坡起点深度以内。

⑤基础施工所需加宽工作面(按《河南省房屋建筑与装饰工程预算定额》(HA 01-31—2016)中规定执行)。

⑥堆、弃土地点及运距的确定。

⑦运土(包括回填土)的工具、方式。

⑧是否存在开挖桩间土方的情况。

（2）土方开挖深度。应按基础(含垫层)底标高至设计室外地坪标高确定。当交付施工场地标高与设计室外地坪标高不同时,应按交付施工场地标高确定。

（3）放坡是指为了防止土壁塌方,确保施工安全,当挖方超过一定深度或填方超过一定高度时,其边沿应放出足够的边坡。按不同土壤类别需确定各自的放坡起点及放坡坡度,基础土方放坡,自基础(含垫层)底标高算起。原槽、坑作基础垫层时,放坡自垫层上表面开始计算。土方放坡的起点深度和放坡坡度,按施工组织设计计算;当施工组织设计无规定时,按表2-2计算。

表 2-2 土方放坡起点和放坡坡度

土壤类别	放坡起点深度/m	人工开挖	机械开挖		
			沟槽、坑内作业	沟槽、坑边作业	顺沟槽方向坑上作业
一、二类土	1.20	1:0.50	1:0.33	1:0.75	1:0.50
三类土	1.50	1:0.33	1:0.25	1:0.67	1:0.33
四类土	2.00	1:0.25	1:0.10	1:0.33	1:0.25

（4）工作面。在基础施工时,为保证施工人员施工方便,挖土时要在垫层两侧增加部分面积,这部分面积称工作面。工作面的宽度依据基础类型确定。基础施工的工作面宽度,按施工组织设计(经过批准,下同)计算;当施工组织设计无规定时,按表2-3的规定计算。

表 2-3　基础施工单面工作面宽度计算

基础材料	每面增加工作面宽度/mm
砖基础	200
毛石、方整石基础	250
混凝土基础(支模板)	400
混凝土基础垫层(支模板)	150
基础垂直面做砂浆防潮层	400(自防潮层面)
基础垂直面做防水层或防腐层	1 000(自防水层或防腐层面)
支挡土板	100(另加)

①当基础施工需要搭设脚手架时,基础施工的工作面宽度,条形基础按 1.50 m 计算(只计算一面),独立基础按 0.45 m 计算(四面均计算)。

②当基坑土方大开挖需做边坡支护时,基础施工的工作面宽度按 2.00 m 计算。

③当基坑内施工各种桩时,基础施工的工作面宽度按 2.00 m 计算。

(5)混合土质的基础土方,其放坡的起点深度和放坡坡度,按不同土类厚度加权平均计算。

(6)计算基础土方放坡时,不扣除放坡交叉处的重复工程量。

(7)基础土方支挡土板时,土方放坡不另行计算。

(8)土石方的开挖、运输均按开挖前的天然密实体积计算。不同状态的土石方体积按表 2-4 的规定换算。

表 2-4　土石方体积折算系数

名称	虚方	松填	天然密实	夯填
土方	1	0.83	0.77	0.67
	1.2	1	0.92	0.8
	1.3	1.08	1	0.87
	1.5	1.25	1.15	1
石方	1	0.85	0.65	
	1.18	1	0.76	
	1.54	1.31	1	
块石	1.75	1.43	1	(码方)1.67
砂夹石	1.07	0.94	1	

(9)沟槽土石方,按设计图示沟槽长度乘以沟槽断面面积,以体积计算。条形基础的沟槽长度,按设计规定计算;设计无规定时,按下列规定计算:

①外墙沟槽,按外墙中心线长度计算。突出墙面的墙垛,按墙垛突出墙面的中心线长

度,并入相应工程量内计算。

②内墙沟槽、框架间墙沟槽,按基础垫层底面净长线计算,突出墙面的墙垛部分的体积并入沟槽土方工程量。

管道的沟槽长度,按设计规定计算;设计无规定时,以设计图示管道中心线长度(不扣除下口直径或边长≤1.5 m的井池)计算。下口直径或边长>1.5 m的井池的土石方,另按基坑的相应规定计算。

沟槽的断面面积,应包括工作面宽度、放坡宽度或石方允许超挖量的面积。

(10)基坑土石方,按设计图示基础(含垫层)尺寸,另加工作面宽度、土方放坡宽度或石方允许超挖量乘以开挖深度,以体积计算。

(11)一般土石方,按设计图示基础(含垫层)尺寸,另加工作面宽度、土方放坡宽度或石方允许超挖量乘以开挖深度,以体积计算。机械施工坡道的土石方工程量,并入相应工程量内计算。

三、回填土

(一)土方回填组价注意事项

(1)回填类型。包含基础回填、房心回填、场区回填。

基础回填是指当基础施工完后,将基础周围用土回填至设计室外地坪的回填土。

房心回填指室外地坪以上、室内地面做法结构以下部分回填土方。

场区(含地下室顶板以上)回填,相应项目人工、机械乘以系数0.90。

(2)基础(地下室)周边回填混合材料(不含一般土)时,执行《房屋建筑与装饰工程消耗量定额》(TY 01-31—2015)"第二章 地基处理与边坡支护工程"中"一、地基处理"相应项目,人工、机械乘以系数0.90。

(3)回填在组价时考虑的因素有部位、回填材料、回填密实度及回填材料来源。

(二)土方回填工程量计算规则

土方回填按回填后的竣工体积计算。

(1)沟槽、基坑回填,按挖方体积减去设计室外地坪以下建筑物、基础(含垫层)的体积计算。

(2)房心(含地下室内)回填,按主墙间净面积(扣除连续底面面积2 m² 以上的设备基础等面积)乘以回填厚度以体积计算。

回填土厚度=室内外地坪高度差-室内地面装修做法厚度

(3)场区(含地下室顶板以上)回填,按回填面积乘以平均回填厚度以体积计算。

(4)回填土的运输工程量结合实际确定。当工程量清单项目的特征描述中没有给定运距,而是要求投标人根据具体情况自行决定运距多少时,编制招标控制价或标底、投标人的投标报价就存在运距的确定问题。根据前述已经确定的堆弃土地点方案,确定运距的多少。

实体单价组成如表2-5所示。

表 2-5 实体单价组成

工程名称:土方

序号	项目编码	010101001001	项目名称		平整场地
	项目特征	1. 工作内容:≤±300 mm 的挖、填、运、找平			
	单位	m²	数量		1
	分析表编号	工艺流程			
1	001	就地挖、填、平整			
	费用组成				金额
a	人工费				0.07
b	材料费				
e	机械费				1.37
f	管理费				0.04
g	利润				0.03
h	安全文明施工费				0.04
i	其他措施费用				0.02
j	规费				0.05
k	增值税				0.15
l	综合单价				1.51
序号	名称	单位	单价	含量	金额	备注
1	人工					
	综合工日	工日		0		
2	材料					
3	机械				1.29	
	折旧费	元	0.85	0.14	0.12	
	检修费	元	0.85	0.06	0.05	
	维护费	元	0.85	0.15	0.13	
	机械人工	工日	134	0.003	0.4	
	柴油	kg	6.94	0.084 75	0.59	

续表 2-5

工程名称:土方 第2页 共4页

序号	项目编码	010101004001		项目名称	挖基坑土方
	项目特征	1. 土壤类别:一、二类土; 2. 挖土深度:2 m 内; 3. 弃土运距:坑边堆放			
	单位	m³		数量	1
	分析表编号	工艺流程			
2	002	挖土,弃土于5 m 以内,清理机下余土;人工清底修边			
	费用组成				金额
a	人工费				2.2
b	材料费				
e	机械费				2.24
f	管理费				0.3
g	利润				0.24
h	安全文明施工费				0.34
i	其他措施费用				0.16
j	规费				0.42
k	增值税				0.53
l	综合单价				4.98
序号	名称	单位	单价	含量	金额	备注
1	人工					
	综合工日	工日		0.03		
2	材料					
3	机械				2.13	
	折旧费	元	0.85	0.44	0.37	
	检修费	元	0.85	0.16	0.14	
	维护费	元	0.85	0.34	0.29	
	机械人工	工日	134	0.003 8	0.51	
	柴油	kg	6.94	0.118 4	0.82	

续表 2-5

工程名称:土方　　　　　　　　　　　　　　　　　　　　　　　第 3 页　共 4 页

序号	项目编码	010103001001		项目名称		回填方
	项目特征	1.密实度要求:夯填; 2.填方材料品种:素土; 3.填方来源、运距:坑边堆放; 4.部位:基础回填				
	单位	m³		数量		1
	分析表编号	工艺流程				
3	003	碎土,5 m 内就地取土,分层填土,洒水,打夯,平整				
	费用组成					金额
a	人工费					6.14
b	材料费					
e	机械费					2.24
f	管理费					0.83
g	利润					0.67
h	安全文明施工费					0.96
i	其他措施费用					0.44
j	规费					1.19
k	增值税					1.12
l	综合单价					9.88

序号	名称	单位	单价	含量	金额	备注
1	人工					
	综合工日	工日		0.09		
2	材料					
3	机械				2.44	
	折旧费	元	0.85	0.394 4	0.34	
	检修费	元	0.85	0.08	0.07	
	维护费	元	0.85	0.372	0.32	
	安拆费及 场外运费	元	0.9	0.67	0.6	
	电	kW·h	0.7	1.59	1.11	

续表 2-5

工程名称:土方　　　　　　　　　　　　　　　　　　　　　　　　第 4 页　共 4 页

序号	项目编码	010103001002		项目名称	回填方
	项目特征	1. 密实度要求:夯填; 2. 填方材料品种:素土; 3. 填方来源、运距:坑边堆放; 4. 部位:房心回填			
	单位	m³		数量	1
	分析表编号	工艺流程			
4	004	碎土,5 m 内就地取土, 分层填土, 洒水, 打夯, 平整			
	费用组成				金额
a	人工费				4.7
b	材料费				
e	机械费				1.72
f	管理费				0.63
g	利润				0.51
h	安全文明施工费				0.74
i	其他措施费用				0.34
j	规费				0.91
k	增值税				0.86
l	综合单价				7.56

序号	名称	单位	单价	含量	金额	备注
1	人工					
	综合工日	工日		0.07		
2	材料					
3	机械				1.86	
	折旧费	元	0.85	0.3	0.26	
	检修费	元	0.85	0.06	0.05	
	维护费	元	0.85	0.28	0.24	
	安拆费及场外运费	元	0.9	0.51	0.46	
	电	kW·h	0.7	1.21	0.85	

注:此表填写可根据实际需要进行组合。

第三章　现浇混凝土柱

本章要点

1. 施工工艺与造价列项。

2. 工程量计算规则及注意事项。

3. 组价要点及注意事项。

钢筋混凝土柱施工流程为:搭设脚手架—绑钢筋—支模板—浇筑、振捣、养护混凝土—拆除模板、脚手架。

本章将结合施工工艺,依据《房屋建筑与装饰工程消耗量定额》(TY 01-31—2015)(简称《定额》)进行整理(见图3-1)。

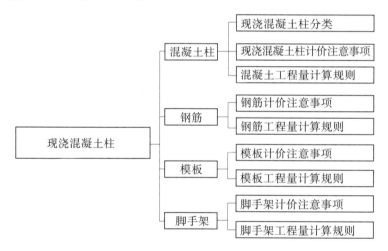

图3-1　现浇混凝土柱主要内容思维导图

一、混凝土柱

(一)现浇混凝土柱的分类

(1)现浇混凝土柱分为矩形柱、异形柱、圆形柱、构造柱、钢管混凝土柱,其中异形柱是指断面形状为L形、十字形、T形、Z形的柱。

(2)构造柱是指设计要求先砌墙体,后浇混凝土柱,而柱至少有一侧以墙体为侧模板的柱。

(3)钢管混凝土柱是指把混凝土灌入钢管中并捣实,以加大钢管的强度和刚度的柱。

(二)现浇混凝土柱计价注意事项

(1)工作内容包括浇筑、振捣、养护等。

(2)混凝土按预拌混凝土编制,采用现场搅拌时,执行相应的预拌混凝土项目,再执行现场搅拌混凝土调整费项目。现场搅拌混凝土调整费项目中,仅包含了冲洗搅拌机用水量,如需冲洗石子,用水量另行处理。

(3)预拌混凝土是指在混凝土厂集中搅拌、用混凝土罐车运输到施工现场并入模的混凝土(圈过梁及构造柱项目中已综合考虑了因施工条件限制不能直接入模的因素)。固定泵、泵车项目适用于混凝土送到施工现场未入模的情况,泵车项目仅适用于高度在15 m以内,固定泵项目适用于所有高度。

(4)混凝土按常用强度等级考虑,设计强度等级不同时可以换算;混凝土各种外加剂统一在配合比中考虑;图纸设计要求增加的外加剂另行计算。

(5)现浇钢筋混凝土柱、墙项目,均综合了每层底部灌注水泥砂浆的消耗量。地下室外墙执行墙相应项目。

(6)钢管柱制作、安装执行《定额》"第六章 金属结构工程"相应项目;钢管柱浇筑混凝土使用反顶升浇筑法施工时,增加的材料、机械另行计算。

(三)混凝土工程量计算规则

(1)混凝土工程量除另有规定外,均按设计图示尺寸以体积计算。不扣除构件内钢筋、预埋铁件及墙、板中0.3 m² 以内的孔洞所占体积。型钢混凝土中型钢骨架所占体积按(密度)7 850 kg/m³ 扣除。

(2)柱:按设计图示尺寸以体积计算。

①有梁板的柱高,应自柱基上表面(或楼板上表面)至上一层楼板上表面之间的高度计算(见图3-2)。

②无梁板的柱高,应自柱基上表面(或楼板上表面)至柱帽下表面之间的高度计算(见图3-3)。

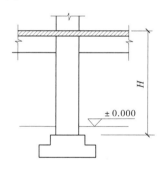

图3-2 有梁板柱高示意图

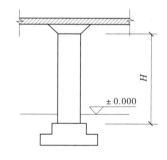

图3-3 无梁板柱高示意图

③框架柱的柱高,应自柱基上表面至柱顶面高度计算(见图3-4)。

④构造柱按全高计算,嵌接墙体部分(马牙槎)并入柱身体积(见图3-5)。

⑤依附柱上的牛腿,并入柱身体积内计算(见图3-6)。

⑥钢管混凝土柱以钢管高度按照钢管内径计算混凝土体积。

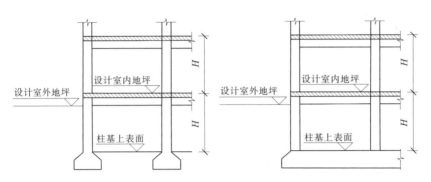

图 3-4　框架柱的柱高示意图

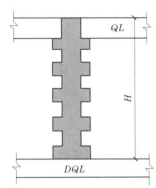

图 3-5　构造柱的柱高示意图　　　　图 3-6　带牛腿的现浇混凝土柱的柱高示意图

二、钢筋

(一)钢筋计价注意事项

(1)工作内容包括钢筋制作、运输、绑扎、安装等。

(2)钢筋工程按钢筋的不同品种和规格以现浇构件、预制构件、预应力构件及箍筋分别列项,钢筋的品种、规格比例按常规工程设计综合考虑。

(3)除定额规定单独列项计算外,各类钢筋、铁件的制作成型、绑扎、安装、接头、固定所用人工、材料、机械消耗均已综合在相应项目内,若设计另有规定,按设计要求计算。直径在 25 mm 以上的钢筋连接按机械连接考虑。

(4)型钢组合混凝土构件中,型钢骨架执行《定额》"第六章　金属结构工程"相应项目;钢筋执行现浇构件钢筋相应项目,人工乘以系数 1.50,机械乘以系数 1.15。

(二)钢筋工程量计算规则

(1)现浇、预制构件钢筋,按设计图示乘以单位理论质量计算。

(2)钢筋搭接长度应按设计图示及规范要求计算;设计图示及规范要求未标明搭接长度的,不另计算搭接长度。

(3)钢筋的搭接(接头)数量应按设计图示及规范要求计算;设计图示及规范要求未

标明的,按以下规定计算:

①φ10 以内的长钢筋按每 12 m 计算一个钢筋搭接(接头);

②φ10 以上的长钢筋按每 9 m 定尺计算一个钢筋搭接(接头)。

三、模板

(一)模板计价注意事项

(1)工作内容包括模板及支撑制作、安装、拆除、堆放、运输及清理模板内杂物、刷隔离剂等。

(2)柱模板如遇弧形和异形组合时,执行圆柱项目。

(3)现浇混凝土柱(不含构造柱)、墙、梁(不含圈、过梁)、板是按高度(板面或地面、垫层面至上层板面的高度)3.6 m 综合考虑的。如遇斜板面结构,柱分别按各柱的中心高度为准;墙按分段墙的平均高度为准;框架梁按每跨两端的支座平均高度为准;板(含梁板合计的梁)按高点与低点的平均高度为准。现浇混凝土柱、墙、梁、板高度超过 3.6 m 时每超过 1 m 钢支撑,超高部分工程量按整体工程量计算,不足 1 m 按 1 m 计。

(4)短肢剪力墙是指截面厚度 ≤300 mm,各肢截面高度与厚度之比的最大值>4 但≤8 的剪力墙。各肢截面高度与厚度之比的最大值≤4 的剪力墙执行柱项目。

(二)模板工程量计算规则

(1)模板与混凝土的接触面积(扣除后浇带所占面积)计算。

(2)构造柱均应按图示外露部分计算模板面积。带马牙槎构造柱的宽度按马牙槎处的宽度计算。

(3)现浇混凝土框架分别按柱、梁、板有关规定计算,附墙柱突出墙面部分按柱工程量计算,暗梁、暗柱并入墙内工程量计算。

(4)柱、梁、墙、板、栏板相互连接的重叠部分,均不扣除模板面积。

四、脚手架

(一)脚手架计价注意事项

(1)综合脚手架中包括外墙砌筑及外墙粉饰、3.6 m 以内的内墙砌筑及混凝土浇捣用脚手架及内墙面和天棚粉饰脚手架。

(2)室内浇筑高在 3.6 m 以外的混凝土独立柱、单(连续)梁执行双排外脚手架定额项目乘以系数 0.3。

(3)凡不适宜使用综合脚手架的项目,可按相应的单项脚手架项目执行。

(二)脚手架工程量计算规则

(1)综合脚手架按设计图示尺寸以建筑面积计算。

(2)独立柱按设计图示尺寸,以结构外围周长另加 3.6 m 乘以高度以面积计算。执行双排外脚手架定额项目乘以系数 0.3。

实体单价组成如表 3-1~表 3-4 所示。

表 3-1　实体单价组成(一)

工程名称:柱

序号	项目编码	011701002001		项目名称	外脚手架
	项目特征				
	单位	m²		数量	1
	分析表编号	工艺流程			
1	001	1. 场内、场外材料搬运; 2. 搭、拆脚手架、挡脚板、上下翻板子; 3. 拆除脚手架后材料的堆放			

	费用组成		金额
a	人工费		2.51
b	材料费		2.17
e	机械费		0.27
f	管理费		0.65
g	利润		0.39
h	安全文明施工费		0.24
i	其他措施费用		0.11
j	规费		0.3
k	增值税		0.6
l	综合单价		5.99

序号	名称	单位	单价	含量	金额	备注
1	人工					
	综合工日	工日		0.02		
2	材料				2.09	
	圆钉	kg	7	0	0.03	
	油漆溶剂油	kg	4.4	0	0.01	
	脚手架钢管	kg	4.55	0.168	0.76	
	扣件	个	5.67	0.07	0.4	
	木脚手板	m³	1 652.1	0	0.5	
	脚手架钢管底座	个	5	0		
	镀锌铁丝	kg	5.18	0.027 7	0.14	
	红丹防锈漆	kg	14.8	0.016 1	0.24	

续表 3-1

序号	名称	单位	单价	含量	金额	备注
	原木	m³	1 280			
	垫木	块	0.61	0.01	0.01	
	防滑木条	m³	1 336			
	挡脚板	m³	1 800			
	缆风绳	kg	8.35	0	0.01	
3	机械				0.24	
	折旧费	元	0.85	0.022	0.02	
	检修费	元	0.85	0		
	维护费	元	0.85	0.0249	0.02	
	机械人工	工日	134	0.000 5	0.07	
	柴油	kg	6.94	0.016 65	0.12	
	其他费	元	1	0.007 185	0.007 185	

注:此表填写可根据实际需要进行组合。

表 3-2 实体单价组成(二)

工程名称:柱

序号	项目编码		010515001002	项目名称	现浇构件钢筋
	项目特征		1.钢筋种类、规格:Φ10 以上,三级钢		
	单位		t	数量	1
	分析表编号		工艺流程		
2	002		钢筋制作、运输、绑扎、安装等		
	费用组成				金额
a	人工费				787.05
b	材料费				3 686.64
e	机械费				61.71
f	管理费				232.92
g	利润				127.57
h	安全文明施工费				74.03
i	其他措施费用				34.07
j	规费				91.79
k	增值税				458.62
l	综合单价				4 895.89

续表 3-2

序号	名称	单位	单价	含量	金额	备注
1	人工					
	综合工日	工日		6.55		
2	材料				3 686.64	
	水	m³	5.13	0.144	0.74	
	钢筋	kg	3.5	1 025	3 587.5	
	镀锌铁丝	kg	5.95	3.65	21.72	
	低合金钢焊条	kg	14.2	5.4	76.68	
3	机械				61.71	
	折旧费	元	0.85	5.46	4.64	
	检修费	元	0.85	1.07	0.91	
	维护费	元	0.85	4.16	3.54	
	安拆费及场外运费	元	0.9	10.24	9.22	
	电	kW·h	0.7	62	43.4	

注:此表填写可根据实际需要进行组合。

表 3-3　实体单价组成(三)

工程名称:柱　　　　　　　　　　　　　　　　　　　　　　　　第 3 页　共 4 页

序号	项目编码	011702002001		项目名称	矩形柱
	项目特征	1. 模板材质、支撑材质; 2. 支撑高度超过 3.6 m 时,项目特征应描述支撑高度			
	单位	m²		数量	1
	分析表编号	工艺流程			
3	003	模板及支撑制作、安装、拆除、堆放、运输及清理模板内杂物、刷隔离剂等			
	费用组成				金额
a	人工费				25.76
b	材料费				27.26
e	机械费				0.01
f	管理费				7.62
g	利润				4.18
h	安全文明施工费				2.42
i	其他措施费用				1.11
j	规费				3

续表 3-3

费用组成						金额
k	增值税					6.42
l	综合单价					64.83
序号	名称	单位	单价	含量	金额	备注
1	人工					
	综合工日	工日		0.21		
2	材料				27.19	
	板方材	m³	2 100	0.003 7	7.77	
	钢支撑及配件	kg	4.6	0.454 8	2.09	
	木支撑	m³	1 800	0.001 8	3.24	
	圆钉	kg	7	0.01	0.07	
	隔离剂	kg	0.82	0.1	0.08	
	复合模板	m²	37.12	0.246 8	9.16	
	塑料粘胶带	卷	17.83	0.025	0.45	
	硬塑料管	m	2.3	1.18	2.71	
	对拉螺栓	kg	8.5	0.19	1.62	
3	机械				0.01	
	折旧费	元	0.85	0		
	检修费	元	0.85	0		
	维护费	元	0.85	0		
	安拆费及场外运费	元	0.9	0		
	电	kW·h	0.7	0.01	0.01	

注:此表填写可根据实际需要进行组合。

表 3-4　实体单价组成（四）

工程名称:柱　　　　　　　　　　　　　　　　　　　

序号	项目编码		010502001001	项目名称		矩形柱
	项目特征		1. 混凝土种类:预拌; 2. 混凝土强度等级:C20			
	单位		m³	数量		1
	分析表编号		工艺流程			
4	004		浇筑、振捣、养护等			
	费用组成					金额
a	人工费					86.64
b	材料费					263.19
e	机械费					
f	管理费					25.64
g	利润					14.04
h	安全文明施工费					8.15
i	其他措施费用					3.75
j	规费					10.1
k	增值税					37.04
l	综合单价					389.51
序号	名称	单位	单价	含量	金额	备注
1	人工					
	综合工日	工日		0.72		
2	材料				263.19	
	预拌混凝土	m³	260	0.979 7	254.72	
	土工布	m²	11.7	0.091 2	1.07	
	水	m³	5.13	0.091 1	0.47	
	预拌水泥砂浆	m³	220	0.030 3	6.67	
	电	kW·h	0.7	0.375	0.26	

注:此表填写可根据实际需要进行组合。

第四章　现浇混凝土墙

本章要点

1. 施工工艺与造价列项。

2. 工程量计算规则及注意事项。

3. 组价要点及注意事项。

施工流程为:搭设脚手架—绑钢筋—支模板—浇筑、振捣、养护混凝土—拆除模板、脚手架。

本章将结合施工工艺,依据《房屋建筑与装饰工程消耗量定额》(TY 01-31—2015)进行如下整理(见图4-1)。

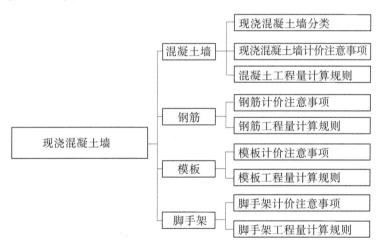

图 4-1　现浇混凝土墙主要内容思维导图

一、混凝土墙

(一)现浇混凝土墙的分类

常见的混凝土墙类型有直行墙、弧形墙、挡土墙、电梯井壁墙、短肢墙等。

(二)现浇混凝土墙计价注意事项

(1)工作内容包括浇筑、振捣、养护等。

(2)混凝土按预拌混凝土编制,采用现场搅拌时,执行相应的预拌混凝土项目,再执行现场搅拌混凝土调整费项目。在现场搅拌混凝土调整费项目中,仅包含了冲洗搅拌机用水量,如需冲洗石子,用水量另行处理。

(3)预拌混凝土是指在混凝土厂集中搅拌、用混凝土罐车运输到施工现场并入模的混凝土(圈过梁及构造柱项目中已综合考虑了因施工条件限制不能直接入模的因素)。

固定泵、泵车项目适用于混凝土送到施工现场未入模的情况,泵车项目仅适用于高度在15 m 以内,固定泵项目适用于所有高度。

(4)混凝土按常用强度等级考虑,设计强度等级不同时可以换算;混凝土各种外加剂统一在配合比中考虑,图纸设计要求增加的外加剂另行计算。

(5)现浇钢筋混凝土柱、墙项目,均综合了每层底部灌注水泥砂浆的消耗量。地下室外墙执行墙相应项目。

(三)混凝土工程量计算

(1)混凝土工程量除另有规定外,均按设计图示尺寸以体积计算。不扣除构件内钢筋、预埋铁件及墙、板中 0.3 m² 以内的孔洞所占体积。型钢混凝土中型钢骨架所占体积按(密度)7 850 kg/m³ 扣除。

(2)墙:按设计图示尺寸以体积计算,扣除门窗洞口及 0.3 m² 以外孔洞所占体积。墙垛及凸出部分并入墙体积内计算。直行墙中门窗洞口上的梁并入墙体积;短肢剪力墙结构砌体内门窗洞口上的梁并入梁体积。

墙与柱连接时,墙算至柱边;墙与梁连接时,墙算至梁底;墙与板连接时,板算至墙侧;凸出墙面的暗梁、暗柱并入墙体积。

二、钢筋

(一)钢筋计价注意事项

(1)工作内容包括钢筋制作、运输、绑扎、安装等。

(2)钢筋工程按钢筋的不同品种和规格以现浇构件、预制构件、预应力构件及箍筋分别列项,钢筋的品种、规格比例按常规工程设计综合考虑。

(3)除定额规定单独列项计算以外,各类钢筋、铁件的制作成型、绑扎、安装、接头、固定所用人工、材料、机械消耗均已综合在相应项目内,若设计另有规定,按设计要求计算。直径 25 mm 以上的钢筋连接按机械连接考虑。

(4)型钢组合混凝土构件中,型钢骨架执行《房屋建筑与装饰工程消耗量定额》(TY 01-31—2015)"第六章 金属结构工程"相应项目;钢筋执行现浇构件钢筋相应项目,人工乘以系数 1.50,机械乘以系数 1.15。

(二)钢筋工程量计算规则

(1)现浇、预制构件钢筋,按设计图示乘以单位理论质量计算。

(2)钢筋搭接长度应按设计图示及规范要求计算;设计图示及规范要求未标明搭接长度的,不再另外计算搭接长度。

(3)钢筋的搭接(接头)数量应按设计图示及规范要求计算;设计图示及规范要求未标明的,按以下规定计算:

①φ10 以内的长钢筋按每 12 m 计算一个钢筋搭接(接头);

②φ10 以上的长钢筋按每 9 m 定尺计算一个钢筋搭接(接头)。

三、模板

(一)模板计价注意事项

(1)工作内容包括模板及支撑制作、安装、拆除、堆放、运输及清理模板内杂物、刷隔离剂等。

(2)现浇混凝土柱(不含构造柱)、墙、梁(不含圈、过梁)、板是按高度(板面或地面、垫层面至上层板面的高度)3.6 m 综合考虑的。如遇斜板面结构,柱按各柱的中心高度为准;墙按分段墙的平均高度为准;框架梁按每跨两端的支座平均高度为准;板(含梁板合计的梁)按高点与低点的平均高度为准。异形柱、梁是指柱、梁的断面形状为 L 形、十字形、T 形、Z 形的柱、梁。

(3)短肢剪力墙是指截面厚度≤300 mm,各肢截面高度与厚度之比的最大值>4 且≤8 的剪力墙;各肢截面高度与厚度之比的最大值≤4 的剪力墙执行柱项目。

(4)外墙设计采用一次摊销止水螺杆方式支模时,将对拉螺栓材料换为止水螺杆,其消耗量按对拉螺栓数量乘以系数12,取消塑料套管消耗量,其余不变。墙面模板未考虑定位支撑因素。

柱、梁面对拉螺栓堵眼增加费,执行墙面螺栓堵眼增加费项目,柱面螺栓堵眼人工、机械乘以系数 0.3,梁面螺栓堵眼人工、机械乘以系数 0.35。

(二)模板工程量计算规则

(1)现浇混凝土构件模板,除另有规定外,均按模板与混凝土的接触面积(扣除后浇带所占面积)计算。

(2)现浇混凝土墙、板上单孔面积在 0.3 m² 以内的孔洞,不予扣除,洞侧壁模板亦不增加;单孔面积在 0.3 m² 以外时,应予扣除,洞侧壁模板面积并入墙、板模板工程量以内计算。对拉螺栓堵眼增加费按墙面、柱面、梁面模板接触面分别计算工程量。

(3)柱、梁、墙、板、栏板相互连接的重叠部分,均不扣除模板面积。

四、脚手架

(一)脚手架计价注意事项

(1)综合脚手架中包括外墙砌筑及外墙粉饰、3.6 m 以内的内墙砌筑及混凝土浇捣用脚手架及内墙面和天棚粉饰脚手架。

(2)室内浇筑高度在 3.6 m 以外的混凝土墙,按单排脚手架定额乘以系数0.3。

(3)凡不适宜使用综合脚手架的项目,可按相应的单项脚手架项目执行。

(二)脚手架工程量计算规则

(1)综合脚手架按设计图示尺寸以建筑面积计算。

(2)计算内、外墙脚手架时,均不扣除门、窗、洞口、空圈等所占面积。同一建筑物高度不同时,应按不同高度分别计算。

实体单价组成见表4-1~表4-4。

表 4-1　实体单价组成(一)

工程名称:墙　　　　　　　　　　　　　　　　　　　　　　　　　　　第 1 页　共 4 页

序号	项目编码		011701002002	项目名称		外脚手架
	项目特征					
	单位		m²	数量		1
	分析表编号		工艺流程			
1	001		1.场内、场外材料搬运; 2.搭、拆脚手架、挡脚板、上下翻板子; 3.拆除脚手架后材料的堆放			
	费用组成					金额
a	人工费					1.99
b	材料费					1.72
e	机械费					0.21
f	管理费					0.51
g	利润					0.31
h	安全文明施工费					0.19
i	其他措施费用					0.09
j	规费					0.24
k	增值税					0.47
l	综合单价					4.74
序号	名称	单位	单价	含量	金额	备注
1	人工					
	综合工日	工日		0.02		
2	材料				1.67	
	圆钉	kg	7	0.003 3	0.02	
	油漆溶剂油	kg	4.4	0		
	脚手架钢管	kg	4.55	0.12	0.55	
	扣件	个	5.67	0.05	0.28	
	木脚手板	m³	1 652.1	0.000 3	0.5	
	脚手架钢管底座	个	5	0		
	镀锌铁丝	kg	5.18	0.025 8	0.13	

续表 4-1

序号	名称	单位	单价	含量	金额	备注
	红丹防锈漆	kg	14.8	0.012	0.18	
	原木	m³	1 280			
	垫木	块	0.61	0.01		
	防滑木条	m³	1 336			
	挡脚板	m³	1 800			
	缆风绳	kg	8.35	0.000 6	0.01	
3	机械				0.18	
	折旧费	元	0.85	0.017 42	0.01	
	检修费	元	0.85	0		
	维护费	元	0.85	0.02	0.02	
	机械人工	工日	134	0.000 4	0.05	
	柴油	kg	6.94	0.013 296	0.09	
	其他费	元	1	0.01	0.01	

注:此表填写可根据实际需要进行组合。

表 4-2　实体单价组成(二)

工程名称:墙　　　　　　　　　　　　　　　　　　　　　　　　第 2 页　共 4 页

序号	项目编码	010515001003		项目名称	现浇构件钢筋
	项目特征	1.钢筋种类、规格:Φ10 以上,三级钢			
	单位	t		数量	1
	分析表编号	工艺流程			
2	002	钢筋制作、运输、绑扎、安装等			
	费用组成				金额
a	人工费				787.05
b	材料费				3 686.64
e	机械费				61.71
f	管理费				232.92
g	利润				127.57
h	安全文明施工费				74.03
i	其他措施费用				34.07
j	规费				91.79
k	增值税				458.62
l	综合单价				4 895.89

续表 4-2

序号	名称	单位	单价	含量	金额	备注
1	人工					
	综合工日	工日		6.55		
2	材料				3 686.64	
	水	m³	5.13	0.144	0.74	
	钢筋	kg	3.5	1 025	3 587.5	
	镀锌铁丝	kg	5.95	3.65	21.72	
	低合金钢焊条	kg	14.2	5.4	76.68	
3	机械				61.71	
	折旧费	元	0.85	5.46	4.64	
	检修费	元	0.85	1.07	0.91	
	维护费	元	0.85	4.16	3.54	
	安拆费及场外运费	元	0.9	10.24	9.22	
	电	kW·h	0.7	62	43.4	

注:此表填写可根据实际需要进行组合。

表 4-3　实体单价组成(三)

工程名称:墙　　　　　　　　　　　　　　　　　　　　　第 3 页　共 4 页

序号	项目编码	011702011001		项目名称	直形墙
	项目特征	1. 模板材质、支撑材质; 2. 支撑高度超过 3.6 m 时,项目特征应描述支撑高度			
	单位	m²		数量	1
	分析表编号		工艺流程		
3	003	模板及支撑制作、安装、拆除、堆放、运输及清理模板内杂物、刷隔离剂等			
	费用组成				金额
a	人工费				20.29
b	材料费				32.01
e	机械费				
f	管理费				6.01
g	利润				3.29
h	安全文明施工费				1.91
i	其他措施费用				0.88
j	规费				2.37
k	增值税				6.01
l	综合单价				61.6

续表 4-3

序号	名称	单位	单价	含量	金额	备注
1	人工					
	综合工日	工日		0.17		
2	材料				32.04	
	板方材	m³	2 100	0.006 3	13.23	
	钢支撑及配件	kg	4.6	0.245 8	1.13	
	木支撑	m³	1 800	0.000 2	0.36	
	圆钉	kg	7	0.016 1	0.11	
	隔离剂	kg	0.82	0.1	0.08	
	复合模板	m²	37.12	0.246 8	9.16	
	塑料粘胶带	卷	17.83	0.04	0.71	
	铁件	kg	4.5	0.035 4	0.16	
	硬塑料管	m	2.3	1.23	2.83	
	对拉螺栓	kg	8.5	0.501 8	4.27	
3	机械					
	折旧费	元	0.85	0		
	检修费	元	0.85	0		
	维护费	元	0.85	0		
	安拆费及场外运费	元	0.9	0		
	电	kW·h	0.7	0		

注:此表填写可根据实际需要进行组合。

表 4-4　实体单价组成(四)

工程名称:墙　　　　　　　　　　　　　　　　　　　　　　　第 4 页　共 4 页

序号	项目编码		010504001001	项目名称		直形墙
	项目特征		1. 混凝土种类:预拌; 2. 混凝土强度等级:C20			
	单位		m³	数量		1
	分析表编号		工艺流程			
4	004		浇筑、振捣、养护等			
	费用组成					金额
a	人工费					49.71
b	材料费					262.93
e	机械费					
f	管理费					14.72
g	利润					8.06
h	安全文明施工费					4.68
i	其他措施费用					2.15
j	规费					5.8
k	增值税					31.33
l	综合单价					335.42
序号	名称	单位	单价	含量	金额	备注
1	人工					
	综合工日	工日		0.41		
2	材料				262.93	
	预拌混凝土	m³	260	0.982 5	255.45	
	土工布	m²	11.7	0.07	0.82	
	水	m³	5.13	0.069	0.35	
	预拌水泥砂浆	m³	220	0.027 5	6.05	
	电	kW·h	0.7	0.37	0.26	

注:此表填写可根据实际需要进行组合。

第五章　现浇混凝土梁、板

本章要点

1. 施工工艺与造价列项。

2. 工程量计算规则及注意事项。

3. 组价要点及注意事项。

施工流程为:搭设脚手架—绑钢筋—支模板—浇筑、振捣、养护混凝土—拆除模板、脚手架。

本章将结合施工工艺,依据《房屋建筑与装饰工程消耗量定额》(TY 01-31—2015)进行如下整理(见图5-1)。

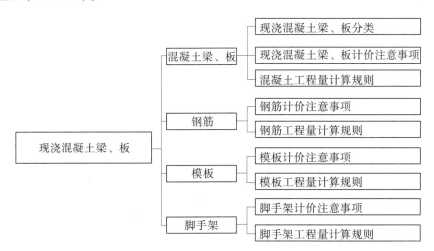

图 5-1　现浇混凝土梁、板主要内容思维导图

一、混凝土梁、板

(一)现浇混凝土梁、板的分类

(1)常见的混凝土梁类型有基础梁、矩形梁、异形梁、斜梁、圈梁、过梁等。

(2)常见的混凝土板类型有无梁板、有梁板、平板、阳台板、飘窗板、空调板、挑檐板、雨篷板等。

(二)现浇混凝土梁、板计价注意事项

(1)工作内容包括浇筑、振捣、养护等。

(2)混凝土按预拌混凝土编制,采用现场搅拌时,执行相应的预拌混凝土项目,再执行现场搅拌混凝土调整费项目。在现场搅拌混凝土调整费项目中,仅包含了冲洗搅拌机用水量,如需冲洗石子,用水量另行处理。

(3)预拌混凝土是指在混凝土厂集中搅拌、用混凝土罐车运输到施工现场并入模的混凝土(圈过梁及构造柱项目中已综合考虑了因施工条件限制不能直接入模的因素)。固定泵、泵车项目适用于混凝土送到施工现场未入模的情况,泵车项目仅适用于高度在15 m 以内,固定泵项目适用于所有高度。

(4)混凝土按常用强度等级考虑,设计强度等级不同时可以换算;混凝土各种外加剂统一在配合比中考虑;图纸设计要求增加的外加剂另行计算。

(5)斜梁(板)是按坡度>10°且≤30°综合考虑的。斜梁(板)坡度在 10°以内的执行梁、板项目,人工不乘以任何系数;坡度在 30°以上、45°以内时,人工乘以系数 1.05;坡度在 45°以上、60°以内时,人工乘以系数 1.10;坡度在 60°以上时,人工乘以系数 1.20。

(6)合梁、板分别按梁、板相应项目执行。

(7)压型钢板上浇捣混凝土,执行平板项目,人工乘以系数 1.10。

(8)型钢组合混凝土构件,执行普通混凝土相应构件项目,人工、机械乘以系数 1.20。

(9)挑檐、天沟壁高度≤400 mm,执行挑檐项目;挑檐、天沟壁高度>400 mm,按全高执行栏板项目。

(10)阳台不包括阳台栏板及压顶内容。

(11)空调板执行悬挑板子目。

(三)混凝土工程量计算规则

(1)混凝土工程量除另有规定外,均按设计图示尺寸以体积计算。不扣除构件内钢筋、预埋铁件及墙、板中 0.3 m² 以内的孔洞所占体积。型钢混凝土中型钢骨架所占体积按(密度)7 850 kg/m³ 扣除。

(2)梁:按设计图示尺寸以体积计算,伸入砖墙内的梁头、梁垫并入梁体积内。

①梁与柱连接时,梁长算至柱侧面。

②主梁与次梁连接时,次梁长算至主梁侧面。

③混凝土圈梁与过梁连接着,分别套用圈梁、过梁定额,其过梁长度按门窗外围宽度两端共加 50 cm 计算。

(3)板:按设计图示尺寸以体积计算,不扣除单个面积 0.3 m² 以内的柱、垛及孔洞所占体积。

①有梁板包括梁与板,按梁、板体积之和计算。

②无梁板按板和柱帽体积之和计算。

③各类板伸入砖墙内的板头并入板体积内计算,薄壳板的肋、基梁并入薄壳体积内计算。空心板按设计图示尺寸以体积(扣除空心部分)计算。

(4)栏板、扶手按设计图示尺寸以体积计算,伸入砖墙内的部分并入栏板、扶手体积计算。

(5)挑檐、天沟按设计图示尺寸以墙外部分体积计算。当挑檐、天沟板与板(包括屋面板)连接时,以外墙外边线为分界线;当挑檐、天沟与梁(包括圈梁等)连接时,以梁外边线为分界线;外墙外边线以外为挑檐、天沟。

(6)凸阳台(凸出外墙外侧用悬挑梁悬挑的阳台)按阳台项目计算;凹进墙内的阳台,

按梁、板分别计算,阳台栏板、压顶分别按栏板、压顶项目计算。

(7)雨篷梁、板工程量合并,按雨篷以体积计算。当栏板高度小于或等于 400 mm 的栏板并入雨篷体积内计算;当栏板高度大于 400 mm 时,其超过部分,按栏板计算。

二、钢筋

(一)钢筋计价注意事项

(1)工作内容包括钢筋制作、运输、绑扎、安装等。

(2)钢筋工程按钢筋的不同品种和规格以现浇构件、预制构件、预应力构件及箍筋分别列项,钢筋的品种、规格比例按常规工程设计综合考虑。

(3)除定额规定单独列项计算外,各类钢筋、铁件的制作成型、绑扎、安装、接头、固定所用人工、材料、机械消耗均已综合在相应项目内,若设计另有规定,按设计要求计算。直径 25 mm 以上的钢筋连接按机械连接考虑。

(4)型钢组合混凝土构件中,型钢骨架执行《房屋建筑与装饰工程消耗量定额》(TY 01-31—2015)"第六章　金属结构工程"相应项目;钢筋执行现浇构件钢筋相应项目,人工乘以系数 1.50,机械乘以系数 1.15。

(二)钢筋工程量计算规则

(1)现浇、预制构件钢筋,按设计图示乘以单位理论质量计算。

(2)钢筋搭接长度应按设计图示及规范要求计算;设计图示及规范要求未标明搭接长度的,不再另外计算搭接长度。

(3)钢筋的搭接(接头)数量应按设计图示及规范要求计算;设计图示及规范要求未标明的,按以下规定计算。

①φ 10 以内的长钢筋按每 12 m 计算一个钢筋搭接(接头)。

②φ 10 以上的长钢筋按每 9 m 定尺计算一个钢筋搭接(接头)。

三、模板

(一)模板计价注意事项

(1)工作内容包括模板及支撑制作、安装、拆除、堆放、运输及清理模板内杂物、刷隔离剂等。

(2)现浇混凝土柱(不含构造柱)、墙、梁(不含圈、过梁)、板是按高度(板面或地面、垫层面至上层板面的高度)3.6 m 综合考虑的。如遇斜板面结构,柱分别以各柱的中心高度为准;墙以分段墙的平均高度为准;框架梁以每跨两端的支座平均高度为准;板(含梁板合计的梁)以高点与低点的平均高度为准。

(3)板或拱形结构按板顶平均高度确定支模高度,电梯井壁按建筑物自然层层高确定支模高度。

(4)斜梁(板)是按坡度>10°且≤30°综合考虑的。斜梁(板)坡度在 10°以内的执行梁、板项目;坡度 30°以上、45°以内时,人工乘以系数 1.05;坡度 45°以上、60°以内时,人工乘以系数 1.10;坡度在 60°以上时,人工乘以系数 1.20。

(5)混凝土梁、板均分别计算执行相应项目,混凝土板适用于截面厚度≤250 mm;板中暗梁并入板内计算;墙、梁弧形且半径≤9 m 时,执行弧形墙、梁项目。

(6)现浇空心板执行平板项目,内模安装另行计算。

(7)薄壳板模板不分筒式、球形、双曲形等,均执行同一项目。

(8)型钢组合混凝土构件模板,按构件相应项目执行。

(9)屋面混凝土女儿墙高度>1.2 m 时执行相应墙项目,高度≤1.2 m 时执行相应栏板项目。

(10)混凝土栏板高度(含压顶扶手及翻沿),净高按 1.2 m 以内考虑,超过 1.2 m 时执行相应墙项目。

(11)现浇混凝土阳台板、雨篷板按三面悬挑形式编制,如一面是弧形栏板且半径≤9 m 时,执行圆弧形阳台板、雨篷板项目;如非三面悬挑形式的阳台、雨篷,则执行梁、板相应项目。

(12)挑檐、天沟壁高度≤400 mm 时,执行挑檐项目;挑檐、天沟壁高度>400 mm 时,按全高执行栏板项目。

(13)预制板间补现浇板缝执行平板项目。

(14)现浇飘窗板、空调板执行悬挑板项目。

(二)模板工程量计算规则

(1)现浇混凝土构件模板,除另有规定外,均按模板与混凝土的接触面积(扣除后浇带所占面积)计算。

柱、梁、墙、板、栏板相互连接的重叠部分,均不扣除模板面积。

(2)挑檐、天沟板与板(包括屋面板、楼板)连接时,以外墙外边线为分界线;与梁(包括圈梁等)连接时,以梁外边线为分界线;外墙外边线以外或梁外边线以外为挑檐、天沟。

(3)现浇混凝土悬挑板、雨篷、阳台按图示外挑部分尺寸的水平投影面积计算。挑出墙外的悬臂梁及板边不另计算。

四、脚手架

(一)脚手架计价注意事项

(1)综合脚手架中包括外墙砌筑及外墙粉饰、3.6 m 以内的内墙砌筑及混凝土浇捣用脚手架及内墙面和天棚粉饰脚手架。

(2)满堂基础高度(垫层上皮至基础顶面)>1.2 m 时,按满堂脚手架基本层定额乘以系数 0.3。高度超过 3.6 m,每增加 1 m 按满堂脚手架增加层定额乘以系数 0.3。

(3)凡不适宜使用综合脚手架的项目,可按相应的单项脚手架项目执行。

(二)脚手架工程量计算规则

(1)综合脚手架按设计图示尺寸以建筑面积计算。

(2)满堂脚手架按室内净面积计算,其高度在 3.6~5.2 m 时计算基本层,5.2 m 以外,每增加 1.2 m 计算一个增加层,不足 0.6 m 按一个增加层乘以系数 0.5 计算。

实体单价组成见表 5-1~表 5-4。

表 5-1　实体单价组成（一）

工程名称：梁、板　　　　　　　　　　　　　　　　　　　　　　第 1 页　共 4 页

序号	项目编码		011701006001	项目名称		满堂脚手架
	项目特征					
	单位		m²	数量		1
	分析表编号		工艺流程			
1	001		1. 场内、场外材料搬运； 2. 搭、拆脚手架； 3. 拆除脚手架后材料的堆放			
	费用组成					金额
a	人工费					2.6
b	材料费					1.02
e	机械费					0.46
f	管理费					0.68
g	利润					0.41
h	安全文明施工费					0.26
i	其他措施费用					0.12
j	规费					0.32
k	增值税					0.53
l	综合单价					5.17
序号	名称	单位	单价	含量	金额	备注
1	人工					
	综合工日	工日		0.02		
2	材料				1.03	
	圆钉	kg	7	0.008 5	0.06	
	油漆溶剂油	kg	4.4	0		
	脚手架钢管	kg	4.55	0.02	0.1	
	扣件	个	5.67	0.008 6	0.05	
	木脚手板	m³	1 652.1	0.002	0.33	
	脚手架钢管底座	个	5	0		
	镀锌铁丝	kg	5.18	0.088	0.46	

续表 5-1

序号	名称	单位	单价	含量	金额	备注
	红丹防锈漆	kg	14.8	0.001 9	0.03	
	挡脚板	m³	1 800			
3	机械				0.42	
	折旧费	元	0.85	0.04	0.03	
	检修费	元	0.85	0.01	0.01	
	维护费	元	0.85	0.04	0.04	
	机械人工	工日	134	0.000 9	0.12	
	柴油	kg	6.94	0.03	0.21	
	其他费	元	1	0.01	0.01	

注:此表填写可根据实际需要进行组合。

表 5-2 实体单价组成(二)

工程名称:梁、板   第 2 页　共 4 页

项目编码		010515001004	项目名称	现浇构件钢筋
序号	项目特征	1.钢筋种类、规格:Φ10 以上,三级钢		
	单位	t	数量	1
	分析表编号	工艺流程		
2	002	钢筋制作、运输、绑扎、安装等		
	费用组成			金额
a	人工费			787.05
b	材料费			3 686.64
e	机械费			61.71
f	管理费			232.92
g	利润			127.57
h	安全文明施工费			74.03
i	其他措施费用			34.07
j	规费			91.79
k	增值税			458.62
l	综合单价			4 895.89

续表5-2

序号	名称	单位	单价	含量	金额	备注
1	人工					
	综合工日	工日		6.55		
2	材料				3 686.64	
	水	m³	5.13	0.144	0.74	
	钢筋	kg	3.5	1 025	3 587.5	
	镀锌铁丝	kg	5.95	3.65	21.72	
	低合金钢焊条	kg	14.2	5.4	76.68	
3	机械				61.71	
	折旧费	元	0.85	5.46	4.64	
	检修费	元	0.85	1.07	0.91	
	维护费	元	0.85	4.16	3.54	
	安拆费及场外运费	元	0.9	10.24	9.22	
	电	kW·h	0.7	62	43.4	

注:此表填写可根据实际需要进行组合。

表5-3　实体单价组成(三)

工程名称:梁、板　　　　　　　　　　　　　　　　　第3页　共4页

项目编码		011702014001	项目名称	有梁板
序号	项目特征	1.模板材质、支撑材质; 2.支撑高度超过3.6 m时,项目特征应描述支撑高度		
	单位	m²	数量	1
	分析表编号	工艺流程		
3	003	模板及支撑制作、安装、拆除、堆放、运输及清理模板内杂物、刷隔离剂等		
	费用组成			金额
a	人工费			25.21
b	材料费			25.7
e	机械费			0.01
f	管理费			7.46
g	利润			4.09
h	安全文明施工费			2.37
i	其他措施费用			1.09
j	规费			2.94
k	增值税			6.2
l	综合单价			62.47

续表 5-3

序号	名称	单位	单价	含量	金额	备注
1	人工					
	综合工日	工日		0.21		
2	材料				25.58	
	板方材	m³	2 100	0.004 5	9.45	
	钢支撑及配件	kg	4.6	0.58	2.67	
	木支撑	m³	1 800	0.001 9	3.42	
	圆钉	kg	7	0.011 5	0.08	
	隔离剂	kg	0.82	0.1	0.08	
	镀锌铁丝	kg	5.95	0.001 8	0.01	
	复合模板	m²	37.12	0.246 8	9.16	
	塑料粘胶带	卷	17.83	0.04	0.71	
3	机械				0.01	
	折旧费	元	0.85	0		
	检修费	元	0.85	0		
	维护费	元	0.85	0		
	安拆费及场外运费	元	0.9	0		
	电	kW·h	0.7	0.01	0.01	

注:此表填写可根据实际需要进行组合。

表 5-4　实体单价组成(四)

工程名称:梁、板　　　　　　　　　　　　　　　　　　　　第 4 页　共 4 页

序号	项目编码		010505001001		项目名称	有梁板
	项目特征		1. 混凝土种类:预拌; 2. 混凝土强度等级:C20			
	单位		m³		数量	1
	分析表编号		工艺流程			
4	004		浇筑、振捣、养护等			
	费用组成					金额
a	人工费					36.43
b	材料费					271.31
e	机械费					0.25
f	管理费					10.78

续表 5-4

	费用组成				金额
g	利润				5.9
h	安全文明施工费				3.43
i	其他措施费用				1.58
j	规费				4.25
k	增值税				30.05
l	综合单价				324.67
序号	名称	单位	单价	含量	金额	备注
1	人工					
	综合工日	工日		0.3		
2	材料				271.3	
	预拌混凝土	m³	260	1.01	262.6	
	土工布	m²	11.7	0.497 5	5.82	
	水	m³	5.13	0.26	1.33	
	电	kW·h	0.7	0.378	0.26	
	塑料薄膜	m²	0.26	4.97	1.29	
3	机械				0.26	
	折旧费	元	0.85	0.02	0.02	
	检修费	元	0.85	0		
	维护费	元	0.85	0.01	0.01	
	安拆费及场外运费	元	0.9	0.05	0.05	
	电	kW·h	0.7	0.254 54	0.18	

注:此表填写可根据实际需要进行组合。

第六章　现浇混凝土基础

本章要点

1. 施工工艺与造价列项。

2. 工程量计算规则及注意事项。

3. 组价要点及注意事项。

　　主体工程施工顺序:基础—柱、墙—梁板—楼梯,先地下后地上。

　　现浇混凝土基础施工流程:搭设脚手架—绑钢筋—支模板—浇筑、振捣、养护混凝
土—拆除模板、脚手架。

　　本章将结合施工工艺,依据《房屋建筑与装饰工程消耗量定额》(TY 01-31—2015)进
行如下整理(见图6-1)。

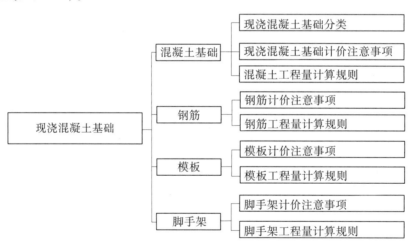

图 6-1　现浇混凝土基础主要内容思维导图

一、混凝土基础

(一)现浇混凝土基础的分类

　　常见的混凝土基础类型有独立基础、杯形基础、带形基础、无梁式满堂基础、有梁式满
堂基础、箱形基础、桩基础等。

(二)现浇混凝土基础计价注意事项

　　(1)工作内容包括浇筑、振捣、养护等。

　　(2)混凝土按预拌混凝土编制,采用现场搅拌时,执行相应的预拌混凝土项目,再执
行现场搅拌混凝土调整费项目。现场搅拌混凝土调整费项目中,仅包含了冲洗搅拌机用

水量,如需冲洗石子,用水量另行处理。

(3)预拌混凝土是指在混凝土厂集中搅拌、用混凝土罐车运输到施工现场并入模的混凝土(圈过梁及构造柱项目中已综合考虑了因施工条件限制不能直接入模的因素)。固定泵、泵车项目适用于混凝土送到施工现场未入模的情况,泵车项目仅适用于高度在15 m 以内,固定泵项目适用于所有高度。

(4)混凝土按常用强度等级考虑,设计强度等级不同时可以换算;混凝土各种外加剂统一在配合比中考虑;图纸设计要求增加的外加剂另行计算。

(5)独立桩承台执行独立基础项目,带形桩承台执行带形基础项目,与满堂基础相连的桩承台执行满堂基础项目。

(6)满堂基础底面向下加深的梁,可按带形基础计算。

(三)混凝土工程量计算规则

(1)混凝土工程量除另有规定外,均按设计图示尺寸以体积计算。不扣除构件内钢筋、预埋铁件及墙、板中 0.3 m² 以内的孔洞所占体积。型钢混凝土中型钢骨架所占体积按(密度)7 850 kg/m³ 扣除。

(2)基础:按设计图示尺寸以体积计算,不扣除伸入承台基础的桩头所占体积。

①带形基础:不分有肋式与无肋式,均按带形基础项目计算(见图 6-2、图 6-3)。有肋式带形基础,肋高(指基础扩大顶面至梁顶面的高)小于或等于 1.2 m 时,合并计算;大于1.2 m 时,扩大顶面以下的基础部分,按无肋式带形基础项目计算,扩大顶面以上部分,按墙项目计算。

图 6-2 有梁式带形基础

图 6-3 无梁式带形基础

②箱形基础分别按基础、柱、墙、梁、板等有关规定计算(见图 6-4)。

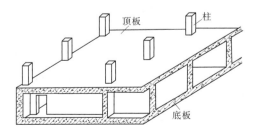

图 6-4 箱形基础

③设备基础:设备基础除块体(块体设备基础是指没有空间的实心混凝土形状)以外,其他类型设备基础分别按基础、柱、墙、梁、板等有关规定计算。

④高杯基础,基础扩大顶面以上短柱部分高>1 m时,短柱与基础分别计算,短柱执行柱项目,基础执行独立基础项目。

二、钢筋

(一)钢筋计价注意事项

(1)工作内容包括钢筋制作、运输、绑扎、安装等。

(2)钢筋工程按钢筋的不同品种和规格以现浇构件、预制构件、预应力构件及箍筋分别列项,钢筋的品种、规格比例按常规工程设计综合考虑。

(3)除定额规定单独列项计算外,各类钢筋、铁件的制作成型、绑扎、安装、接头、固定所用人工、材料、机械消耗均已综合在相应项目内,若设计另有规定,按设计要求计算。直径25 mm以上的钢筋连接按机械连接考虑。

(4)型钢组合混凝土构件中,型钢骨架执行《房屋建筑与装饰工程消耗量定额》(TY 01-31—2015)"第六章　金属结构工程"相应项目;钢筋执行现浇构件钢筋相应项目,人工乘以系数1.50,机械乘以系数1.15。

(二)钢筋工程量计算规则

(1)现浇、预制构件钢筋,按设计图示乘以单位理论质量计算。

(2)钢筋搭接长度应按设计图示及规范要求计算;设计图示及规范要求未标明搭接长度的,不再另外计算搭接长度。

(3)钢筋的搭接(接头)数量应按设计图示及规范要求计算;设计图示及规范要求未标明的,按以下规定计算:

①φ10以内的长钢筋按每12 m计算一个钢筋搭接(接头)。

②φ10以上的长钢筋按每9 m定尺计算一个钢筋搭接(接头)。

三、模板

(一)模板计价注意事项

(1)工作内容包括模板及支撑制作、安装、拆除、堆放、运输及清理模板内杂物、刷隔离剂等。

(2)圆弧形带形基础模板执行带形基础相应项目,人工、材料、机械乘以系数1.15。

(3)地下室底板模板执行满堂基础,满堂基础模板已包括集水井模板杯壳。

(4)满堂基础下翻构件的砖胎膜,砖胎膜中砌体执行《房屋建筑与装饰工程消耗量定额》(TY 01-31—2015)"第四章　砌筑工程"砖基础相应项目;抹灰执行《房屋建筑与装饰工程消耗量定额》(TY 01-31—2015)"第十一章　楼地面装饰工程""第十二章　墙、柱面装饰与隔断、幕墙工程"抹灰的相应项目。

(5)独立桩承台执行独立基础项目;带形桩承台执行带形基础项目;与满堂基础相连的桩承台,执行满堂基础项目。高杯基础杯口高度大于杯口大边长度3倍以上时,杯口高度部分执行柱项目,杯形基础执行柱项目。

(二)模板工程量计算规则

(1)现浇混凝土构件模板除另有规定外,均按模板与混凝土的接触面积(扣除后浇带所占面积)计算。

(2)有肋式带形基础,肋高(指基础扩大顶面至梁顶面的高)小于或等于1.2 m时,合并计算;大于1.2 m时,基础底板模板按无肋式带形基础项目计算,扩大顶面以上部分模板按混凝土墙项目计算。

(3)独立基础:高度从垫层上表面计算到柱基上表面。

(4)满堂基础:无梁式满堂基础有扩大或角锥形柱墩时,并入无梁式满堂基础内计算。有梁式满堂基础梁高(从板面或板底计算,梁高不含板厚)小于或等于1.2 m时,基础和梁合并计算;大于1.2 m时,底板按无梁式满堂基础模板项目计算,梁按混凝土墙模板项目计算。箱式满堂基础应分别按无梁式满堂基础、柱、墙、梁、板的有关规定计算。地下室底板按无梁式满堂基础模板项目计算。

(5)设备基础:块体设备基础按不同体积,分别计算模板工程量。框架设备基础应分别按基础、柱及墙的相应项目计算;楼层面上的设备基础并入梁、板项目计算,如在同一设备基础中部分为块体,部分为框架时,应分别计算。框架设备基础的柱模板高度应由底板或柱基的上表面算至板的下表面;梁的长度按净长计算,梁的悬臂部分应并入梁内计算。

(6)设备基础地脚螺栓套孔以不同深度、不同数量计算。

四、脚手架

(一)脚手架计价注意事项

(1)综合脚手架中包括外墙砌筑及外墙粉饰、3.6 m以内的内墙砌筑及混凝土浇捣用脚手架以及内墙面和天棚粉饰脚手架。

(2)满堂基础高度(垫层上皮至基础顶面)>1.2 m时,按满堂脚手架基本层定额乘以系数0.3。高度超过3.6 m,每增加1 m按满堂脚手架增加层定额乘以系数0.3。

(3)凡不适宜使用综合脚手架的项目,可按相应的单项脚手架项目执行。

(二)脚手架工程量计算规则

(1)综合脚手架按设计图示尺寸以建筑面积计算。

(2)满堂脚手架按室内净面积计算,其高度在3.6~5.2 m时计算基本层,5.2 m以外,每增加1.2 m计算一个增加层,不足0.6 m按一个增加层乘以系数0.5计算。

实体单价组成见表6-1~表6-4。

表6-1 实体单价组成(一)

工程名称:基础 第1页 共4页

序号	项目编码		011701002001	项目名称	外脚手架
	项目特征				
	单位		m²	数量	1
	分析表编号		工艺流程		

续表 6-1

1	001	1. 场内、场外材料搬运； 2. 搭、拆脚手架、挡脚板、上下翻板子； 3. 拆除脚手架后材料的堆放			
	费用组成				金额
a	人工费				8.37
b	材料费				7.23
e	机械费				0.89
f	管理费				2.16
g	利润				1.29
h	安全文明施工费				0.81
i	其他措施费用				0.37
j	规费				1
k	增值税				1.99
l	综合单价				19.94
序号	名称	单位	单价	含量	金额	备注
1	人工					
	综合工日	工日		0.07		
2	材料				7.29	
	圆钉	kg	7	0.012 4	0.09	
	油漆溶剂油	kg	4.4	0.004 9	0.02	
	脚手架钢管	kg	4.55	0.56	2.55	
	扣件	个	5.67	0.233 3	1.32	
	木脚手板	m³	1 652.1	0.001 1	1.82	
	脚手架钢管底座	个	5	0.002 2	0.01	
	镀锌铁丝	kg	5.18	0.092 4	0.48	
	红丹防锈漆	kg	14.8	0.053 5	0.79	
	原木	m³	1 280			
	垫木	块	0.61	0.02	0.01	
	防滑木条	m³	1 336			
	挡脚板	m³	1 800	0.000 1	0.18	
	缆风绳	kg	8.35	0.001 9	0.02	
3	机械				0.85	
	折旧费	元	0.85	0.08	0.07	
	检修费	元	0.85	0.02	0.01	
	维护费	元	0.85	0.09	0.08	
	机械人工	工日	134	0	0.24	
	柴油	kg	6.94	0.06	0.42	
	其他费	元	1	0.03	0.03	

注：此表填写可根据实际需要进行组合。

表 6-2　实体单价组成(二)

工程名称:基础　　　　　　　　　　　　　　　　　　　第2页　共4页

序号	项目编码		010515001001	项目名称		现浇构件钢筋
	项目特征		1.钢筋种类、规格:Φ10以内,三级钢			
	单位		t	数量		1
	分析表编号		工艺流程			
2	002		钢筋制作、运输、绑扎、安装等			
	费用组成					金额
a	人工费					913.87
b	材料费					3 501.56
e	机械费					21.55
f	管理费					270.6
g	利润					148.21
h	安全文明施工费					86.01
i	其他措施费用					39.57
j	规费					106.65
k	增值税					457.92
l	综合单价					4 855.79

序号	名称	单位	单价	含量	金额	备注
1	人工					
	综合工日	工日		7.61		
2	材料				3 501.56	
	镀锌铁丝	kg	5.95	5.64	33.56	
	钢筋	kg	3.4	1 020	3 468	
3	机械				21.55	
	折旧费	元	0.85	5.723 8	4.87	
	检修费	元	0.85	1.04	0.88	
	维护费	元	0.85	3.6	3.06	
	安拆费及场外运费	元	0.9	5.82	5.24	
	电	kW·h	0.7	10.71	7.5	

注:此表填写可根据实际需要进行组合。

表 6-3　实体单价组成(三)

工程名称:基础　　　　　　　　　　　　　　　　　　　　第 3 页　共 4 页

序号		项目编码	011702001001		项目名称	基础
		项目特征	1.模板材质、支撑材质			
		单位	m²	数量		1
	分析表编号		工艺流程			
3	003		模板及支撑制作、安装、拆除、堆放、运输及清理模板内杂物、刷隔离剂等			
		费用组成				金额
a		人工费				21.7
b		材料费				27.83
e		机械费				0.02
f		管理费				6.42
g		利润				3.52
h		安全文明施工费				2.04
i		其他措施费用				0.94
j		规费				2.53
k		增值税				5.85
l		综合单价				59.49

序号	名称	单位	单价	含量	金额	备注
1	人工					
	综合工日	工日		0.18		
2	材料				27.8	
	板方材	m³	2 100	0.002 5	5.25	
	木支撑	m³	1 800	0.006 5	11.7	
	圆钉	kg	7	0.127 2	0.89	
	隔离剂	kg	0.82	0.1	0.08	
	镀锌铁丝	kg	5.95	0.001 8	0.01	
	复合模板	m²	37.12	0.246 8	9.16	
	塑料粘胶带	卷	17.83	0.04	0.71	
3	机械				0.01	
	折旧费	元	0.85	0		
	检修费	元	0.85	0		
	维护费	元	0.85	0		
	安拆费及场外运费	元	0.9	0		
	电	kW·h	0.7	0.01	0.01	

注:此表填写可根据实际需要进行组合。

表6-4　实体单价组成(四)

工程名称:基础　　　　　　　　　　　　　　　　　　　　　　　　　第4页　共4页

序号	项目编码		010501003001		项目名称	独立基础
	项目特征		1.混凝土种类:预拌; 2.混凝土强度等级:C20			
	单位		m³		数量	1
	分析表编号		工艺流程			
4	004		浇筑、振捣、养护等			
	费用组成					金额
a	人工费					33.66
b	材料费					263.75
e	机械费					
f	管理费					9.96
g	利润					5.45
h	安全文明施工费					3.17
i	其他措施费用					1.46
j	规费					3.92
k	增值税					28.92
l	综合单价					312.82
序号	名称	单位	单价	含量	金额	备注
1	人工					
	综合工日	工日		0.28		
2	材料				263.75	
	预拌混凝土	m³	260	1.01	262.6	
	水	m³	5.13	0.112 5	0.58	
	电	kW・h	0.7	0.23	0.16	
	塑料薄膜	m²	0.26	1.59	0.41	

注:此表填写可根据实际需要进行组合。

第七章 现浇混凝土楼梯

本章要点

1. 施工工艺与造价列项。

2. 工程量计算规则及注意事项。

3. 组价要点及注意事项。

施工流程为:搭设脚手架—绑钢筋—支模板—浇筑、振捣、养护混凝土—拆除模板、脚手架。

本章将结合施工工艺,依据《房屋建筑与装饰工程消耗量定额》(TY 01-31—2015)进行如下整理(见图7-1)。

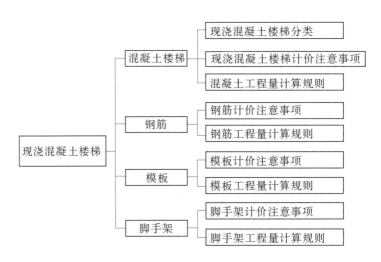

图 7-1 现浇混凝土楼梯主要内容思维导图

一、混凝土楼梯

(一)现浇混凝土楼梯的分类

混凝土楼梯类型有直行楼梯(双跑楼梯、单跑楼梯、三跑楼梯、四跑楼梯)、弧形楼梯、螺旋楼梯等。

(二)现浇混凝土楼梯计价注意事项

(1)工作内容包括浇筑、振捣、养护等。

（2）混凝土按预拌混凝土编制，采用现场搅拌时，执行相应的预拌混凝土项目，再执行现场搅拌混凝土调整费项目。现场搅拌混凝土调整费项目中，仅包含了冲洗搅拌机用水量，如需冲洗石子，用水量另行处理。

（3）预拌混凝土是指在混凝土厂集中搅拌、用混凝土罐车运输到施工现场并入模的混凝土（圈过梁及构造柱项目中已综合考虑了因施工条件限制不能直接入模的因素）。固定泵、泵车项目适用于混凝土送到施工现场未入模的情况，泵车项目仅适用于高度在 15 m 以内，固定泵项目适用于所有高度。

（4）混凝土按常用强度等级考虑，设计强度等级不同时可以换算；混凝土各种外加剂统一在配合比中考虑；图纸设计要求增加的外加剂另行计算。

（5）楼梯是按建筑物一个自然层双跑楼梯考虑，如单坡直行楼梯（即一个自然层、无休息平台）按相应项目定额乘以系数 1.2；三跑楼梯（即一个自然层、两个休息平台）按相应项目定额乘以系数 0.9；四跑楼梯（即一个自然层、三个休息平台）按相应项目定额乘以系数 0.75。

当图纸设计板式楼梯梯段底板（不含踏步三角部分）厚度大于 150 mm、梁式楼梯梯段底板（不含踏步三角部分）厚度大于 80 mm 时，混凝土消耗量按实调整，人工按相应比例调整。弧形楼梯是指一个自然层旋转弧度小于 180°的楼梯，螺旋楼梯是指一个自然层旋转弧度大于 180°的楼梯。

（三）混凝土工程量计算规则

（1）混凝土工程量除另有规定外，均按设计图示尺寸以体积计算。不扣除构件内钢筋、预埋铁件及墙、板中 0.3 m² 以内的孔洞所占体积。型钢混凝土中型钢骨架所占体积按（密度）7 850 kg/m³ 扣除。

（2）楼梯（包括休息平台、平台梁、斜梁及楼梯的连接梁）按设计图示尺寸以水平投影面积计算，不扣除宽度小于 500 mm 楼梯井，伸入墙内部分不计算。当整体楼梯与现浇楼板无梯梁连接时，以楼梯的最后一个踏步边缘加 300 mm 为界。

二、钢筋

（一）钢筋计价注意事项

（1）工作内容包括钢筋制作、运输、绑扎、安装等。

（2）钢筋工程按钢筋的不同品种和规格以现浇构件、预制构件、预应力构件及箍筋分别列项，钢筋的品种、规格比例按常规工程设计综合考虑。

（3）除定额规定单独列项计算外，各类钢筋、铁件的制作成型、绑扎、安装、接头、固定所用人工、材料、机械消耗均已综合在相应项目内，若设计另有规定，按设计要求计算。直径 25 mm 以上的钢筋连接按机械连接考虑。

（4）型钢组合混凝土构件中，型钢骨架执行《房屋建筑与装饰工程消耗量定额》（TY 01-31—2015）"第六章　金属结构工程"相应项目；钢筋执行现浇构件钢筋相应项目,人工乘以系数 1.50、机械乘以系数 1.15。

(二)钢筋工程量计算规则

(1)现浇、预制构件钢筋,按设计图示乘以单位理论质量计算。

(2)钢筋搭接长度应按设计图示及规范要求计算;设计图示及规范要求未标明搭接长度的,不另计算搭接长度。

(3)钢筋的搭接(接头)数量应按设计图示及规范要求计算;设计图示及规范要求未标明的,按以下规定计算:

①φ10 以内的长钢筋按每 12 m 计算一个钢筋搭接(接头)。

②φ10 以上的长钢筋按每 9 m 定尺计算一个钢筋搭接(接头)。

三、模板

(一)模板计价注意事项

(1)工作内容包括模板及支撑制作、安装、拆除、堆放、运输及清理模板内杂物、刷隔离剂等。

(2)楼梯是按建筑物一个自然层双跑楼梯考虑,如单坡直行楼梯(即一个自然层、无休息平台)按相应项目人工、材料、机械乘以系数 1.2;三跑楼梯(即一个自然层、两个休息平台)按相应项目人工、材料、机械乘以系数 0.9;四跑楼梯(即一个自然层、三个休息平台)按相应项目人工、材料、机械乘以系数 0.75。剪刀楼梯执行单坡直行楼梯相应系数。

(二)模板工程量计算规则

(1)现浇混凝土构件模板除另有规定外,均按模板与混凝土的接触面积(扣除后浇带所占面积)计算。

(2)现浇混凝土楼梯(包括休息平台、平台梁、斜梁和楼层板连接的梁),按水平投影面积计算。不扣除宽度小于 500 mm 楼梯井所占面积,楼梯的踏步、踏步板、平台梁等侧面模板不另行计算,伸入墙内部分亦不增加。当整体楼梯与现浇楼板无梯梁连接时,以楼梯的最后一个踏步边缘加 300 mm 为界。

四、脚手架

(一)脚手架计价注意事项

综合脚手架中包括外墙砌筑及外墙粉饰、3.6 m 以内的内墙砌筑及混凝土浇捣用脚手架以及内墙面和天棚粉饰脚手架。

(二)脚手架工程量计算规则

综合脚手架按设计图示尺寸以建筑面积计算。

实体单价组成见表 7-1~表 7-3。

表7-1 实体单价组成(一)

工程名称:楼梯

序号	项目编码		010515001005		项目名称		现浇构件钢筋
	项目特征		1.钢筋种类、规格:Φ10以内,三级钢				
	单位		t		数量		1
	分析表编号		工艺流程				
1	001		钢筋制作、运输、绑扎、安装等				
	费用组成						金额
a	人工费						913.87
b	材料费						3 501.56
e	机械费						21.55
f	管理费						270.6
g	利润						148.21
h	安全文明施工费						86.01
i	其他措施费用						39.57
j	规费						106.65
k	增值税						457.92
l	综合单价						4 855.79
序号	名称	单位	单价	含量	金额	备注	
1	人工						
	综合工日	工日		7.61			
2	材料				3 501.56		
	镀锌铁丝	kg	5.95	5.64	33.56		
	钢筋	kg	3.4	1 020	3 468		
3	机械				21.55		
	折旧费	元	0.85	5.723 8	4.87		
	检修费	元	0.85	1.04	0.88		
	维护费	元	0.85	3.6	3.06		
	安拆费及场外运费	元	0.9	5.82	5.24		
	电	kW·h	0.7	10.71	7.5		

注:此表填写可根据实际需要进行组合。

表 7-2　实体单价组成(二)

工程名称:楼梯

序号	项目编码	011702024001	项目名称		楼梯
	项目特征	1. 模板材质、支撑材质; 2. 支撑高度超过 3.6 m 时,项目特征应描述支撑高度			
	单位	m²	数量		1
	分析表编号	工艺流程			
2	002	模板及支撑制作、安装、拆除、堆放、运输及清理模板内杂物、刷隔离剂等			
	费用组成				金额
a	人工费				78
b	材料费				44.02
e	机械费				0.01
f	管理费				23.08
g	利润				12.64
h	安全文明施工费				7.34
i	其他措施费用				3.38
j	规费				9.1
k	增值税				15.98
l	综合单价				157.75

序号	名称	单位	单价	含量	金额	备注
1	人工					
	综合工日	工日		0.649 1		
2	材料				44.11	
	板方材	m³	2 100	0.009 5	19.95	
	钢支撑及配件	kg	4.6	0.653 6	3.01	
	圆钉	kg	7	0.024 1	0.17	
	隔离剂	kg	0.82	0.195 9	0.16	
	复合模板	m²	37.12	0.527 2	19.57	
	塑料粘胶带	卷	17.83	0.07	1.25	
3	机械				0.01	
	折旧费	元	0.85	0		
	检修费	元	0.85	0		
	维护费	元	0.85	0		
	安拆费及场外运费	元	0.9	0		
	电	kW·h	0.7	0.012	0.01	

注:此表填写可根据实际需要进行组合。

表 7-3　实体单价组成(三)

工程名称:楼梯　　　　　　　　　　　　　　　　　　　　　　　第3页　共3页

序号	项目编码		010506001001		项目名称		直形楼梯
	项目特征		1. 混凝土种类:预拌; 2. 混凝土强度等级:C20				
	单位		m²		数量		1
	分析表编号		工艺流程				
3	003		浇筑、振捣、养护等				
	费用组成						金额
a	人工费						32.12
b	材料费						69.29
e	机械费						
f	管理费						9.49
g	利润						5.2
h	安全文明施工费						3.02
i	其他措施费用						1.39
j	规费						3.74
k	增值税						11.18
l	综合单价						116.1
序号	名称	单位	单价	含量	金额		备注
1	人工						
	综合工日	工日		0.267			
2	材料				69.3		
	土工布	m²	11.7	0.109	1.28		
	水	m³	5.13	0.072 2	0.37		
	电	kW·h	0.7	0.156	0.11		
	塑料薄膜	m²	0.26	1.152 9	0.3		
	预拌混凝土	m³	260	0.258 6	67.24		

注:此表填写可根据实际需要进行组合。

第八章　二次构件

本章要点

1. 施工工艺与造价列项。

2. 工程量计算规则及注意事项。

3. 组价要点及注意事项。

二次构件施工顺序为:砌体墙—门窗—圈梁—过梁—构造柱。

施工流程为:定位放线—立皮数杆—设置拉结筋—确定组砌方法—拌制砂浆—砌筑—浇筑圈梁、构造柱—砌筑顶砖。

本章将结合施工工艺,依据《房屋建筑与装饰工程消耗量定额》(TY 01-31—2015)进行整理(见图 8-1)。

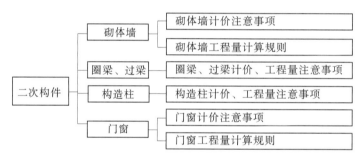

图 8-1　二次构件主要内容思维导图

一、砌体墙

(一)砌体墙计价注意事项

(1)工作内容包括调、运、铺砂浆,运、砌砖,安放木砖、垫块。

(2)砌体墙分为清水砖墙、混水砖墙、多孔砖、空心砖等砖砌体、砌块砌体等。

(3)定额中砖、砌块和石料按标准或常用规格编制,设计规格与定额不同时,砌体材料和砌筑(黏结)材料用量应做调整换算。砌筑砂浆按干混预拌砂浆编制。定额所列砌筑砂浆种类和强度等级、砌块专用砌筑黏结剂品种,如设计与定额不同,应做调整换算。

(4)定额中的墙体砌筑层高是按 3.6 m 编制的,超过 3.6 m 时,其超过部分工程量的定额人工乘以系数 1.3。

(5)定额中各类砖、砌块及石砌体的砌筑均按直形砌筑编制,如为圆弧形砌筑,按相应定额人工用量乘以系数 1.10,砖、砌块及石砌体及砂浆(黏结剂)用量乘以系数 1.03 计算。

(6)砖基础与砖墙(柱)身的划分:

①基础与墙(柱)身使用同一种材料时,以设计室内地面为界(有地下室者,以地下室

室内设计地面为界),以下为基础,以上为墙(柱)身。

②基础与墙(柱)身使用不同材料时,位于设计室内地面高度≤±300 mm 时,以不同材料为分界线;高度>+300 mm 时,以设计室内地面为分界线。

③砖砌地沟不分墙基和墙身,按不同材质合并工程量套用相应项目。

④围墙以设计室外地坪为界,以下为基础,以上为墙身。

(7)砖砌体和砌块砌体不分内、外墙,均执行对应品种的砖和砌块项目,其中:

①定额中均已包括了立门窗框的调直及腰线、窗台线、挑檐等一般出线用工。

②清水砖砌体均包括了原浆勾缝用工,设计需加浆勾缝时,应另行计算。

③轻集料混凝土小型空心砌块墙的门窗洞口等镶砌的同类实心砖部分已包含在定额内,不再单独计算。

(8)填充墙以填炉渣、炉渣混凝土为准,如设计与定额不同时应做调整换算,其他不变。

(9)加气混凝土类砌块墙项目已包括砌块零星切割改锯的损耗及费用。

(10)多孔砖、空心砖及砌块砌筑有防水、防潮要求的墙体,若以普通(实心)砖作为导墙砌筑,导墙与上部墙身主体需分别计算,导墙部分套用零星砌体项目。

(11)砖砌体钢筋加固,砌体内加筋、灌注混凝土,墙体拉结的制作、安装,以及墙基、墙身的防潮、防水、抹灰等按《房屋建筑与装饰工程消耗量定额》(TY 01-31—2015)其他相关章节的定额及规定执行。

(12)注意事项:

①砖砌体钢筋加固,砌体内加筋、灌注混凝土见《房屋建筑与装饰工程消耗量定额》(TY 01-31—2015)(简称《定额》)"第五章　混凝土及钢筋混凝土工程章节"。

②墙基、墙身的防潮、防水见《定额》"第九章　屋面及防水工程"。

③保温见《定额》"第十章　保温、隔热、防腐工程"。

④抹灰、钢丝网片见《定额》"第十二章　墙、柱面装饰与隔断、幕墙工程"。

⑤油漆涂料见《定额》"第十四章　油漆、涂料、裱糊工程"。

⑥脚手架见《定额》"十七章　措施工程"。

(二)砌体墙工程量计算规则

(1)砖墙、砌块墙按设计图示尺寸以体积计算。

①扣除门窗、洞口、嵌入墙内的钢筋混凝土柱、梁、圈梁、挑梁、过梁及凹进墙内的壁龛、管槽、暖气槽、消火栓箱所占体积,不扣除梁头、板头、檩头、垫木、木楞头、沿缘木、木砖、门窗走头、砖墙内加固钢筋、木筋、铁件、钢管及单个面积≤0.3 m² 的孔洞所占的体积。凸出墙面的腰线、挑檐、压顶、窗台线、虎头砖、门窗套的体积亦不增加。凸出墙面的砖垛并入墙体体积内计算。

②墙长度:外墙按中心线、内墙按净长线计算。

③墙高度:

外墙:斜(坡)屋面无檐口天棚者算至屋面板底;有屋架且室内、外均有天棚者算至屋架下弦底另加 200 mm;无天棚者算至屋架下弦底另加 300 mm,出檐宽度超过 600 mm 时按实砌高度计算;有钢筋混凝土楼板隔层者算至板顶。平屋顶算至钢筋混凝土板底。

内墙:位于屋架下弦者,算至屋架下弦底;无屋架者算至天棚底另加 100 mm;有钢筋混凝土楼板隔层者算至楼板顶;有框架梁时算至梁底。

女儿墙:从屋面板上表面算至女儿墙顶面(如有混凝土压顶时算至压顶下表面)。

内、外山墙:按其平均高度计算。

④墙厚度:

标准砖以 240 mm×115 mm×53 mm 为准,其砌体厚度按表 8-1 计算。

表 8-1　标准砖砌体计算厚度

砖数(厚度)	1/4	1/2	3/4	1	$1\frac{1}{2}$	2	$2\frac{1}{2}$	3
计算厚度/mm	53	115	178	240	365	490	615	740

使用非标准砖时,其砌体厚度应按砖实际规格和设计厚度计算;如设计厚度与实际规格不同时,按实际规格计算。

⑤框架间墙:不分内、外墙,按墙体净尺寸以体积计算。

⑥围墙:高度算至压顶上表面(如有混凝土压顶时算至压顶下表面),围墙柱并入围墙体积内。

(2)空斗墙按设计图示尺寸以空斗墙外形体积计算。

(3)空花墙按设计图示尺寸以空花部分外形体积计算,不扣除空花部分体积。

(4)填充墙按设计图示尺寸以填充墙外形体积计算。

(5)砌体设置导墙时,砖砌导墙需单独计算,厚度与长度按墙身主体,高度以实际砌筑高度计算,墙身主体的高度相应扣除。

(6)附墙烟囱、通风道、垃圾道应按设计图示尺寸以体积(扣除孔洞所占体积)计算并入所依附的墙体积内。当设计规定孔洞内需抹灰时,另按《房屋建筑与装饰工程消耗量定额》(TY 01-31—2015)“第十二章　墙、柱面装饰与隔断、幕墙工程”相应项目计算。

二、圈梁、过梁

圈梁、过梁计价、工程量注意事项:

(1)混凝土工作内容包括浇筑、振捣、养护等。

(2)混凝土按预拌混凝土编制,在现场搅拌时,执行相应的预拌混凝土项目,再执行现场搅拌混凝土调整费项目。现场搅拌混凝土调整费项目中,仅包含了冲洗搅拌机用水量,如需冲洗石子,用水量另行处理。

(3)预拌混凝土是指在混凝土厂集中搅拌、用混凝土罐车运输到施工现场并入模的混凝土(圈过梁及构造柱项目中已综合考虑了因施工条件限制不能直接入模的因素)。固定泵、泵车项目适用于混凝土送到施工现场未入模的情况,泵车项目仅适用于高度在 15 m 以内,固定泵项目适用于所有高度。

(4)混凝土按常用强度等级考虑,设计强度等级不同时可以换算;混凝土各种外加剂统一在配合比中考虑;图纸设计要求增加的外加剂另行计算。

(5)与主体结构不同时浇捣的厨房、卫生间等处墙体下部现浇混凝土翻边执行圈梁相应项目。

（6）混凝土工程量除另有规定外，均按设计图示尺寸以体积计算。不扣除构件内钢筋、预埋铁件及墙、板中 0.3 m² 以内的孔洞所占体积。型钢混凝土中型钢骨架所占体积按（密度）7 850 kg/m³ 扣除。

（7）按设计图示尺寸以体积计算，伸入砖墙内的梁头、梁垫并入梁体积内。混凝土圈梁与过梁连接着，分别套用圈梁、过梁定额，其过梁长度按门窗外围宽度两端共加 50 cm 计算。

（8）现浇混凝土构件模板，除另有规定外，均按模板与混凝土的接触面积（扣除后浇带所占面积）计算。

三、构造柱

构造柱计价、工程量注意事项：

（1）工作内容包括浇筑、振捣、养护等。

（2）混凝土按预拌混凝土编制，采用现场搅拌时，执行相应的预拌混凝土项目，再执行现场搅拌混凝土调整费项目。现场搅拌混凝土调整费项目中，仅包含了冲洗搅拌机用水量，如需冲洗石子，用水量另行处理。

（3）预拌混凝土是指在混凝土厂集中搅拌、用混凝土罐车运输到施工现场并入模的混凝土（圈过梁及构造柱项目中已综合考虑了因施工条件限制不能直接入模的因素）。固定泵、泵车项目适用于混凝土送到施工现场未入模的情况，泵车项目仅适用于高度在15 m 以内，固定泵项目适用于所有高度。

（4）混凝土按常用强度等级考虑，设计强度等级不同时可以换算；混凝土各种外加剂统一在配合比中考虑；图纸设计要求增加的外加剂另行计算。

（5）独立现浇门框按构造柱项目执行。

（6）构造柱按全高计算，嵌接墙体部分（马牙槎）并入柱身体积。

（7）构造柱均应按图示外露部分计算模板面积。带马牙槎构造柱的宽度按马牙槎处的宽度计算。

四、门窗

（一）门窗计价注意事项

（1）成品套装门安装包括门套和门扇的安装。

（2）铝合金成品门窗安装项目按隔热断桥铝合金型材考虑，当设计为普通铝合金型材时，按相应项目执行，其中人工乘以系数 0.8。

（3）金属门连窗，门、窗应分别执行相应项目。

（4）彩板钢窗附框安装执行彩板钢门附框安装项目。

（5）金属卷帘（闸）门项目是按卷帘侧装（即安装在洞口内侧或外侧）考虑的，当设计为中装（即安装在洞口中）时，按相应项目执行，其中人工乘以系数 1.1。

（6）金属卷帘（闸）门项目是按不带活动小门考虑的，当设计为带活动小门时，按相应项目执行，其中人工乘以系数 1.07，材料调整为带活动小门金属卷帘（闸）门。

（7）防火卷帘（闸）门（无机布基防火卷帘除外）按镀锌钢板卷帘（闸）门项目执行，并将材料中的镀锌钢板卷帘换为相应的防火卷帘。

（8）全玻璃门扇安装项目按地弹门考虑，其中地弹簧消耗量可按实际调整。全玻璃门门框、横梁、立柱钢架的制作安装及饰面装饰,按本章门钢架相应项目执行。全玻璃门有框亮子安装按全玻璃有框门扇安装项目执行,人工乘以系数 0.75,地弹簧换为膨胀螺栓,消耗量调整为 277.55 个/100 m²;无框亮子安装按固定玻璃安装项目执行。

(9)电子感应自动门传感装置、伸缩式电动装置安装已包括调试用工。

(10)成品木门(扇)安装项目中五金配件的安装仅包含合页安装人工和合页材料费,设计要求的其他五金另按"门五金"一节中特殊五金相应项目执行。

(11)成品金属门窗、金属卷帘(闸)、特种门、其他门安装项目包括五金安装人工,五金材料费包括在成品门窗价格中。

(12)成品全玻璃门扇安装项目中仅包括地弹簧安装的人工和材料费,设计要求的其他五金另按"门五金"一节中门特殊五金相应项目执行。

(13)厂、库房大门项目均包括五金铁件安装人工,五金铁件材料费另按"门五金"一节中相应项目执行,当设计与定额取定不同时,按设计规定计算。

(二)门窗工程量计算规则

1. 木门

(1)成品木门框安装按设计图示框的中心线长度计算。

(2)成品木门扇安装按设计图示扇面积计算。

(3)成品套装木门安装按设计图示数量计算。

(4)木质防火门安装按设计图示洞口面积计算。

2. 金属门窗

(1)铝合金门窗(飘窗、阳台封闭窗除外)、塑钢门窗均按设计图示门、窗洞口面积计算。

(2)门连窗按设计图示洞口面积分别计算门、窗面积,其中窗的宽度算至门框的外边线。

(3)纱门、纱窗扇按设计图示扇外围面积计算。

(4)飘窗、阳台封闭窗按设计图示框型材外边线尺寸以展开面积计算。

(5)钢质防火门、防盗门按设计图示门洞口面积计算。

(6)防盗窗按设计图示窗框外围面积计算。

(7)彩板钢门窗按设计图示门、窗洞口面积计算。彩板钢门窗附框按框中心线长度计算。

3. 金属卷帘(闸)

金属卷帘(闸)按设计图示卷帘门宽度乘以卷帘门高度(包括卷帘箱高度)以面积计算。电动装置安装按设计图套数计算。

4. 其他门

(1)全玻有框门扇按设计图示扇边框外边线尺寸以扇面积计算。

(2)全玻无框(夹条)门扇按设计图示扇面积计算,高度算至条夹外边线,宽度算至玻璃外边线。

(3)全玻无框(点夹)门扇按设计图示玻璃外边线尺寸以扇面积计算。

(4)无框亮子按设计图示门框与横梁或立柱内边缘尺寸玻璃面积计算。

(5)全玻转门按设计图示数量计算。

(6)不锈钢伸缩门按设计图示延长米计算。

(7)传感和电动装置按设计图示套数计算。

实体单价组成见表 8-2~表 8-14。

表 8-2　实体单价组成(砌体,一)

工程名称:砌体　　　　　　　　　　　　　　　　　　　　　　　第 1 页　共 2 页

序号	项目编码	010402001001	项目名称		砌块墙
	项目特征	1.砌块品种、规格、强度等级:加气混凝土砌块; 2.墙体厚度:200 mm; 3.砂浆强度等级:干混砌筑砂浆 DMM10			
	单位	m³	数量		1
	分析表编号	工艺流程			
1	001	调、运、铺砂浆或运、搅拌、铺黏结剂,运、部分切割、安装砌块,安放木砖、垫块,木楔卡固、刚性材料嵌缝			
2	002	调、运、铺砂浆,运、砌砖,安放木砖、垫块			
	费用组成				金额
a	人工费				257.97
b	材料费				439.43
e	机械费				6.77
f	管理费				52.96
g	利润				34.07
h	安全文明施工费				24.2
i	其他措施费用				11.13
j	规费				30.01
k	增值税				77.09
l	综合单价				791.2
序号	名称	单位	单价	含量	金额	备注

序号	名称	单位	单价	含量	金额	备注
1	人工					
	综合工日	工日		2.14		
2	材料				439.43	
	水	m³	5.13	0.146	0.75	
	烧结煤矸石普通砖	千块	287.5	0.533 7	153.44	
	干混砌筑砂浆	m³	180	0.302 3	54.41	
	蒸压粉煤灰加气混凝土砌块	m³	235	0.977	229.6	
	其他材料费	元	1	1.23	1.23	
3	机械				5.91	
	折旧费	元	0.85	0.8	0.68	
	检修费	元	0.85	0.13	0.11	
	维护费	元	0.85	0.26	0.22	
	安拆费及场外运费	元	0.9	0.32	0.29	
	机械人工	工日	134	0.029 9	4.01	
	电	kW·h	0.7	0.85	0.6	

注:此表填写可根据实际需要进行组合。

表 8-3　实体单价组成(砌体,二)

工程名称:砌体　　　　　　　　　　　　　　　　　　　　　　第 2 页　共 2 页

序号	项目编码		010515001009		项目名称	现浇构件钢筋
	项目特征		1.钢筋种类、规格:Φ10 以内,三级钢			
	单位		t		数量	1
	分析表编号		工艺流程			
3	003		除锈、制作、运输、安装、焊接(绑扎)等			
	费用组成					金额
a	人工费					2 713.21
b	材料费					3 121.2
e	机械费					52.12
f	管理费					802.94
g	利润					439.76
h	安全文明施工费					255.2
i	其他措施费用					117.43
j	规费					316.44
k	增值税					703.65
l	综合单价					7 129.23
序号	名称	单位	单价	含量	金额	备注
1	人工					
	综合工日	工日		22.58		
2	材料				3 121.2	
	圆钢	t	3 060	1.02	3 121.2	
3	机械				52.11	
	折旧费	元	0.85	13.57	11.54	
	检修费	元	0.85	2.47	2.1	
	维护费	元	0.85	7.935	6.74	
	安拆费及场外运费	元	0.9	11.647 2	10.48	
	电	kW·h	0.7	30.36	21.25	

注:此表填写可根据实际需要进行组合。

表 8-4　实体单价组成(圈梁,一)

工程名称:圈梁　　　　　　　　　　　　　　　　　　　　　　　　第 1 页　共 3 页

序号	项目编码		010515001006		项目名称	现浇构件钢筋
	项目特征		1.钢筋种类、规格:Φ10 以上,三级钢			
	单位		t	数量		1
	分析表编号		工艺流程			
1	001	钢筋制作、运输、绑扎、安装等				
	费用组成					金额
a	人工费					787.05
b	材料费					3 686.64
e	机械费					61.71
f	管理费					232.92
g	利润					127.57
h	安全文明施工费					74.03
i	其他措施费用					34.07
j	规费					91.79
k	增值税					458.62
l	综合单价					4 895.89
序号	名称	单位	单价	含量	金额	备注
1	人工					
	综合工日	工日		6.55		
2	材料				3 686.64	
	水	m³	5.13	0.144	0.74	
	钢筋	kg	3.5	1 025	3 587.5	
	镀锌铁丝	kg	5.95	3.65	21.72	
	低合金钢焊条	kg	14.2	5.4	76.68	
3	机械				61.71	
	折旧费	元	0.85	5.46	4.64	
	检修费	元	0.85	1.07	0.91	
	维护费	元	0.85	4.16	3.54	
	安拆费及场外运费	元	0.9	10.24	9.22	
	电	kW·h	0.7	62	43.4	

注:此表填写可根据实际需要进行组合。

表 8-5 实体单价组成(圈梁,二)

工程名称:圈梁　　　　　　　　　　　　　　　　　　　　　　　　第 2 页　共 3 页

序号	项目编码	011702008001	项目名称	圈梁
	项目特征	1. 模板材质、支撑材质		
	单位	m²	数量	1
	分析表编号	工艺流程		
2	002	模板及支撑制作、安装、拆除、堆放、运输及清理模板内杂物、刷隔离剂等		

	费用组成			金额
a	人工费			27.04
b	材料费			24.14
e	机械费			
f	管理费			8
g	利润			4.38
h	安全文明施工费			2.54
i	其他措施费用			1.17
j	规费			3.15
k	增值税			6.34
l	综合单价			63.56

序号	名称	单位	单价	含量	金额	备注
1	人工					
	综合工日	工日		0.23		
2	材料				24.1	
	板方材	m³	2 100	0.006 2	13.02	
	钢支撑及配件	kg	4.6	0.082 9	0.38	
	木支撑	m³	1 800	0.000 3	0.54	
	圆钉	kg	7	0.015 8	0.11	
	隔离剂	kg	0.82	0.1	0.08	
	镀锌铁丝	kg	5.95	0.001 8	0.01	
	复合模板	m²	37.12	0.246 8	9.16	
	塑料粘胶带	卷	17.83	0.045	0.8	
3	机械					
	折旧费	元	0.85	0		
	检修费	元	0.85	0		
	维护费	元	0.85	0		
	安拆费及场外运费	元	0.9	0		
	电	kW·h	0.7	0		

注:此表填写可根据实际需要进行组合。

表 8-6　实体单价组成（圈梁,三）

工程名称:圈梁　　　　　　　　　　　　　　　　　　　　　第 3 页　共 3 页

序号	项目编码		010503004001	项目名称		圈梁
	项目特征		1. 混凝土种类:预拌; 2. 混凝土强度等级:C20			
	单位		m³	数量		1
	分析表编号		工艺流程			
3	003		浇筑、振捣、养护等			
	费用组成					金额
a	人工费					106.2
b	材料费					270
e	机械费					
f	管理费					31.43
g	利润					17.22
h	安全文明施工费					9.99
i	其他措施费用					4.6
j	规费					12.39
k	增值税					40.67
l	综合单价					424.85
序号	名称	单位	单价	含量	金额	备注
1	人工					
	综合工日	工日		0.88		
2	材料				269.99	
	预拌混凝土	m³	260	1.01	262.6	
	土工布	m²	11.7	0.411 3	4.81	
	水	m³	5.13	0.264	1.35	
	电	kW·h	0.7	0.231	0.16	
	塑料薄膜	m²	0.26	4.13	1.07	

注:此表填写可根据实际需要进行组合。

表 8-7 实体单价组成(过梁,一)

工程名称:过梁   第 1 页 共 3 页

序号	项目编码	010515001007	项目名称	现浇构件钢筋
	项目特征	1. 钢筋种类、规格:Φ10 以上,三级钢		
	单位	t	数量	1
	分析表编号	工艺流程		
1	001	钢筋制作、运输、绑扎、安装等		

	费用组成			金额
a	人工费			787.05
b	材料费			3 686.64
e	机械费			61.71
f	管理费			232.92
g	利润			127.57
h	安全文明施工费			74.03
i	其他措施费用			34.07
j	规费			91.79
k	增值税			458.62
l	综合单价			4 895.89

序号	名称	单位	单价	含量	金额	备注
1	人工					
	综合工日	工日		6.55		
2	材料				3 686.64	
	水	m³	5.13	0.144	0.74	
	钢筋	kg	3.5	1 025	3 587.5	
	镀锌铁丝	kg	5.95	3.65	21.72	
	低合金钢焊条	kg	14.2	5.4	76.68	
3	机械				61.71	
	折旧费	元	0.85	5.46	4.64	
	检修费	元	0.85	1.07	0.91	
	维护费	元	0.85	4.164 25	3.54	
	安拆费及场外运费	元	0.9	10.24	9.22	
	电	kW·h	0.7	62	43.4	

注:此表填写可根据实际需要进行组合。

表8-8 实体单价组成(过梁,二)

工程名称:过梁

序号	项目编码	011702009001		项目名称	过梁
	项目特征	1.模板材质、支撑材质			
	单位	m²		数量	1
	分析表编号	工艺流程			
2	002	模板及支撑制作、安装、拆除、堆放、运输及清理模板内杂物、刷隔离剂等			
	费用组成				金额
a	人工费				37.47
b	材料费				26.53
e	机械费				0.04
f	管理费				11.09
g	利润				6.07
h	安全文明施工费				3.52
i	其他措施费用				1.62
j	规费				4.37
k	增值税				8.16
l	综合单价				81.2

序号	名称	单位	单价	含量	金额	备注
1	人工					
	综合工日	工日		0.31		
2	材料				26.5	
	板方材	m³	2 100	0.006	12.6	
	钢支撑及配件	kg	4.6	0.69	3.2	
	木支撑	m³	1 800	0.000 3	0.54	
	圆钉	kg	7	0.015 3	0.11	
	隔离剂	kg	0.82	0.1	0.08	
	镀锌铁丝	kg	5.95	0.001 8	0.01	
	复合模板	m²	37.12	0.246 8	9.16	
	塑料粘胶带	卷	17.83	0.045	0.8	
3	机械				0.04	
	折旧费	元	0.85	0		
	检修费	元	0.85	0		
	维护费	元	0.85	0		
	安拆费及场外运费	元	0.9	0.01	0.01	
	电	kW·h	0.7	0.04	0.03	

注:此表填写可根据实际需要进行组合。

表 8-9　实体单价组成(过梁,三)

工程名称:过梁　　　　　　　　　　　　　　　　　　　　　　第 3 页　共 3 页

序号	项目编码	010503005001	项目名称		砌过梁
	项目特征	1. 混凝土种类:预拌; 2. 混凝土强度等级:C20			
	单位	m³	数量		1
	分析表编号	工艺流程			
3	003	浇筑、振捣、养护等			
	费用组成				金额
a	人工费				122.16
b	材料费				278.31
e	机械费				
f	管理费				36.16
g	利润				19.81
h	安全文明施工费				11.49
i	其他措施费用				5.29
j	规费				14.25
k	增值税				43.87
l	综合单价				456.44
序号	名称	单位	单价	含量	金额	备注
1	人工					
	综合工日	工日		1.02		
2	材料				278.3	
	预拌混凝土	m³	260	1.01	262.6	
	土工布	m²	11.7	0.847 7	9.92	
	水	m³	5.13	0.606 5	3.11	
	电	kW·h	0.7	0.38	0.26	
	塑料薄膜	m²	0.26	9.285	2.41	

注:此表填写可根据实际需要进行组合。

表 8-10　实体单价组成(构造柱,一)

工程名称:构造柱　　　　　　　　　　　　　　　　　　　　　　　　　　　第 1 页　共 3 页

序号	项目编码		010515001008		项目名称	现浇构件钢筋
	项目特征		1. 钢筋种类、规格:Φ10 以上,三级钢			
	单位		t		数量	1
	分析表编号		工艺流程			
1	001		钢筋制作、运输、绑扎、安装等			
	费用组成					金额
a	人工费					787.05
b	材料费					3 686.64
e	机械费					61.71
f	管理费					232.92
g	利润					127.57
h	安全文明施工费					74.03
i	其他措施费用					34.07
j	规费					91.79
k	增值税					458.62
l	综合单价					4 895.89
序号	名称	单位	单价	含量	金额	备注
1	人工					
	综合工日	工日		6.55		
2	材料				3 686.64	
	水	m³	5.13	0.144	0.74	
	钢筋	kg	3.5	1 025	3 587.5	
	镀锌铁丝	kg	5.95	3.65	21.72	
	低合金钢焊条	kg	14.2	5.4	76.68	
3	机械				61.71	
	折旧费	元	0.85	5.46	4.64	
	检修费	元	0.85	1.07	0.91	
	维护费	元	0.85	4.164 25	3.54	
	安拆费及场外运费	元	0.9	10.24	9.22	
	电	kW·h	0.7	62	43.4	

注:此表填写可根据实际需要进行组合。

表 8-11　实体单价组成(构造柱,二)

工程名称:构造柱

序号	项目编码	011702003001		项目名称	构造柱
	项目特征	1.模板材质、支撑材质			
	单位	m²		数量	1
	分析表编号	工艺流程			
2	002	模板及支撑制作、安装、拆除、堆放、运输及清理模板内杂物、刷隔离剂等			
	费用组成				金额
a	人工费				18.55
b	材料费				23.23
e	机械费				0.01
f	管理费				5.49
g	利润				3.01
h	安全文明施工费				1.75
i	其他措施费用				0.8
j	规费				2.16
k	增值税				4.95
l	综合单价				50.29

序号	名称	单位	单价	含量	金额	备注
1	人工					
	综合工日	工日		0.15		
2	材料				23.28	
	板方材	m³	2 100	0.003 9	8.19	
	钢支撑及配件	kg	4.6	0.454 9	2.09	
	木支撑	m³	1 800	0.001 8	3.24	
	圆钉	kg	7	0.01	0.07	
	隔离剂	kg	0.82	0.1	0.08	
	复合模板	m²	37.12	0.246 8	9.16	
	塑料粘胶带	卷	17.83	0.025	0.45	
3	机械				0.01	
	折旧费	元	0.85	0		
	检修费	元	0.85	0		
	维护费	元	0.85	0		
	安拆费及场外运费	元	0.9	0		
	电	kW·h	0.7	0.01	0.01	

注:此表填写可根据实际需要进行组合。

表 8-12　实体单价组成(构造柱,三)

工程名称:构造柱　　　　　　　　　　　　　　　　　　　　　　　　第 3 页　共 3 页

序号	项目编码		010502002001		项目名称	构造柱
	项目特征		1.混凝土种类:预拌; 2.混凝土强度等级:C20			
	单位		m³	数量		1
	分析表编号		工艺流程			
3	003		浇筑、振捣、养护等			
	费用组成					金额
a	人工费					145.05
b	材料费					263.76
e	机械费					
f	管理费					42.92
g	利润					23.51
h	安全文明施工费					13.64
i	其他措施费用					6.28
j	规费					16.92
k	增值税					46.09
l	综合单价					475.24
序号	名称	单位	单价	含量	金额	备注
1	人工					
	综合工日	工日		1.21		
2	材料				263.77	
	预拌混凝土	m³	260	0.979 7	254.72	
	土工布	m²	11.7	0.088 5	1.04	
	水	m³	5.13	0.210 5	1.08	
	预拌水泥砂浆	m³	220	0.030 3	6.67	
	电	kW·h	0.7	0.372	0.26	

注:此表填写可根据实际需要进行组合。

表 8-13　实体单价组成（门窗，一）

工程名称:门窗　　　　　　　　　　　　　　　　　　　　　　　　第 1 页　共 2 页

序号	项目编码	010802001001		项目名称		金属(塑钢)门
	项目特征	1. 门代号及洞口尺寸:M1021 1 000×2 100; 2. 门框、扇材质:断桥铝合金; 3. 开启方式:平开				
	单位	m²		数量		1
	分析表编号	工艺流程				
1	001	开箱、解捆、定位、划线、吊正、找平、安装、框周边塞缝等				
	费用组成					金额
a	人工费					39.8
b	材料费					563.14
e	机械费					
f	管理费					7.55
g	利润					3.3
h	安全文明施工费					3.74
i	其他措施费用					1.72
j	规费					4.64
k	增值税					56.15
l	综合单价					613.79
序号	名称	单位	单价	含量	金额	备注
1	人工					
	综合工日	工日		0.33		
2	材料				563.14	
	电	kW·h	0.7	0.07	0.05	
	其他材料费	元	1	1.12	1.12	
	铝合金隔热断桥平开门(含中空玻璃)	m²	508	0.960 4	487.88	
	铝合金门窗配件固定连接铁件(地脚)	个	0.63	5.754 5	3.63	
	硅酮耐候密封胶	kg	41.53	0.860 3	35.73	
	聚氨酯发泡密封胶(750 mL/支)	支	23.3	1.230 8	28.68	
	塑料膨胀螺栓	个	1.02	5.75	5.87	
	镀锌自攻螺钉	个	0.03	5.92	0.18	

注:此表填写可根据实际需要进行组合。

表8-14　实体单价组成(门窗,二)

工程名称:门窗 第2页　共2页

序号	项目编码		010807001001		项目名称	金属(塑钢、断桥)窗
	项目特征		1. 窗代号及洞口尺寸:C1824; 2. 框、扇材质:塑钢窗; 3. 玻璃品种、厚度:单层框中空玻璃; 4. 开启方式:推拉; 5. 含纱扇			
	单位		m²	数量		1
	分析表编号			工艺流程		
2	002		开箱、解捆、定位、划线、吊正、找平、安装、框周边塞缝等			
3	003		安装、校正纱扇、五金配件等			
	费用组成					金额
a	人工费					27.69
b	材料费					561.06
e	机械费					
f	管理费					5.25
g	利润					2.3
h	安全文明施工费					2.61
i	其他措施费用					1.2
j	规费					3.23
k	增值税					54.3
l	综合单价					596.3
序号	名称	单位	单价	含量	金额	备注
1	人工					
	综合工日	工日		0.23		
2	材料				561.06	
	电	kW·h	0.7	0.07	0.05	
	其他材料费	元	1	1.05	1.05	
	铝合金门窗配件固定连接铁件(地脚)	个	0.63	5.526 4	3.48	
	硅酮耐候密封胶	kg	41.53	0.987 2	41	
	聚氨酯发泡密封胶(750 mL/支)	支	23.3	1.427 2	33.25	
	镀锌自攻螺钉	个	0.03	5.75	0.17	
	铝合金隔热断桥推拉窗(含中空玻璃)	m²	464.5	0.954 3	443.27	
	塑料膨胀螺栓	套	0.5	5.58	2.79	
	铝合金推拉纱窗扇	m²	72	0.5	36	

注:此表填写可根据实际需要进行组合。

第九章　装饰装修

本章要点

1. 施工工艺与造价列项。

2. 工程量计算规则及注意事项。

3. 组价要点及注意事项。

装饰装修包含楼地面、墙面、天棚、屋面、散水。

本章将结合施工工艺,依据《房屋建筑与装饰工程消耗量定额》(TY 01-31—2015)进行如下整理(如图 9-1)。

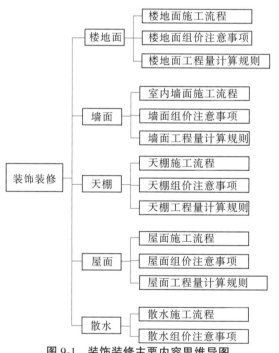

图 9-1　装饰装修主要内容思维导图

一、楼地面

(一)楼地面施工流程

楼地面施工流程为:基层处理—弹线—安排—找平层—灰饼—冲筋—摊铺—铺砖—拔缝—擦缝。

(二)楼地面组价注意事项

楼地面工程包含楼面、地面两大部分。地面一般由垫层、防潮层、找平层、结合层、面层等构造层次组成;楼面一般多由找平层、结合层、面层等构造层次组成。

楼地面整体面层包含水泥砂浆面层、水磨石面层、水泥基自流平砂浆、菱苦土地面等。

楼地面块料面层包括石材、陶瓷地面砖、镭射玻璃砖、缸砖、陶瓷锦砖、水泥花砖、广场砖等。

(1)厚度≤60 mm 的细石混凝土按找平层项目执行,厚度>60 mm 的按《房屋建筑与装饰工程消耗量定额》(TY 01-31—2015)"第五章　混凝土及钢筋混凝土工程"垫层项目执行。

(2)镶贴块料项目是按规格料考虑的,如需现场倒角、磨边,按《房屋建筑与装饰工程消耗量定额》(TY 01-31—2015)"第十五章　其他装饰工程"相应项目执行。

(3)石材楼地面拼花按成品考虑。

(4)石材楼地面需做分格、分色的,按相应项目人工乘以系数1.10。

(5)圆弧形等不规则地面镶贴面层、饰面面层按相应项目人工乘以系数1.15,块料消耗量损耗按实调整。

(6)水磨石地面包含酸洗打蜡,其他块料项目如需做酸洗打蜡,单独执行相应酸洗打蜡项目。

(三)楼地面工程量计算规则

(1)楼地面找平层及整体面层按设计图示尺寸以面积计算。扣除凸出地面构筑物、设备基础、室内铁道、地沟等所占面积,不扣除间壁墙及≤0.3 m² 柱、垛、附墙烟囱及孔洞所占面积。门洞、空圈、暖气包槽、壁龛的开口部分不增加面积。

(2)块料面层、橡塑面层及其他材料面层按设计图示尺寸以面积计算。门洞、空圈、暖气包槽、壁龛的开口部分并入相应的工程量内。

(3)石材拼花按最大外围尺寸以矩形面积计算,有拼花的石材地面,按设计图示尺寸扣除拼花的最大外围矩形面积计算。

(4)点缀按"个"计算,计算主体铺贴地面面积时,不扣除点缀所占面积。

(5)石材底面刷养护液包括侧面涂刷,工程量按设计图示尺寸以底面面积计算。

(6)石材表面刷保护液按设计图示尺寸以表面积计算。

(7)石材勾缝按石材设计图示尺寸以面积计算。

(8)楼梯面层按设计图示尺寸以楼梯(包括踏步、休息平台及≤500 mm 宽的楼梯井)水平投影面积计算。楼梯与楼地面相连时,算至梯口梁内侧边沿;无梯口梁者,算至最上一层踏步边沿加300 mm。

(9)台阶面层按设计图示尺寸以台阶(包括最上层踏步边沿加300 mm)水平投影面积计算。

二、墙面

(一)室内墙面施工流程

室内墙面施工流程为:基层清扫处理—抹底子灰—选砖—浸泡—排线—弹线—粘贴标准点—粘贴瓷砖—勾缝—擦缝—清理。

(二)墙面组价注意事项

(1)本章定额包括墙面抹灰、柱(梁)面抹灰、零星抹灰、墙面块料面层、柱(梁)面镶贴块料、镶贴零星块料、墙饰面、柱(梁)饰面、幕墙工程及隔断十节。

(2)圆弧形、锯齿形、异形等不规则墙面抹灰、镶贴块料、幕墙按相应项目乘以系数1.15。

(3)干挂石材骨架及玻璃幕墙型钢骨架均按钢骨架项目执行。预埋铁件按《房屋建筑与装饰工程消耗量定额》(TY 01-31—2015)"第五章　混凝土及钢筋混凝土工程"铁件制作安装项目执行。

(4)女儿墙(包括泛水、挑砖)内侧、阳台拦板(不扣除花格所占孔洞面积)内侧与阳台栏板外侧抹灰工程量按其投影面积计算,块料按展开面积计算;女儿墙无泛水挑砖者,人工及机械乘以系数1.10,女儿墙带泛水挑砖者,人工及机械乘以系数1.30,按墙面相应项目执行;女儿墙外侧并入外墙计算。

(5)抹灰面层。

①抹灰项目中砂浆配合比与设计不同者,按设计要求调整;如设计厚度与定额取定厚度不同,按相应增减厚度项目调整。

②砖墙中的钢筋混凝土梁、柱侧面抹灰>0.5 m² 的并入相应墙面项目执行;≤0.5 m² 的按零星抹灰项目执行。

③抹灰工程的"零星项目"适用于各种壁柜、碗柜、飘窗板、空调隔板、暖气罩、池槽、花台及≤0.5 m² 的其他各种零星抹灰。

④抹灰工程的装饰线条适用于门窗套、挑檐、腰线、压顶、遮阳板外边、宣传栏边框等项目的抹灰,以及突出墙面且展开宽度≤300 mm 的竖、横线条抹灰。线条展开宽度>300 mm 且≤400 mm 者,按相应项目乘以系数1.33;展开宽度>400 mm 且≤500 mm 者,按相应项目乘以系数1.67。

(6)块料面层。

①墙面贴块料、饰面高度在300 mm 以内者,按踢脚线项目执行。

②勾缝镶贴面砖子目,面砖消耗量分别按缝宽5 mm 和10 mm 考虑,如灰缝宽度与取定宽度不同,其块料及灰缝材料(预拌水泥砂浆)允许调整。

③玻化砖、干挂玻化砖或玻岩板按面砖相应项目执行。

(7)除已列有挂贴石材柱帽、柱墩项目外,其他项目的柱帽、柱墩并入相应柱面积内,每个柱帽或柱墩另增人工:抹灰0.25 工日,块料0.38 工日,饰面0.5 工日。

(8)木龙骨基层是按双向计算的,当设计为单向时,材料、人工乘以系数0.55。

(三)墙面工程量计算规则

(1)内墙面、墙裙抹灰面积应扣除门窗洞口和单个面积>0.3 m² 以上的空圈所占的面积,不扣除踢脚线、挂镜线及单个≤0.3 m² 的孔洞和墙与构件交接处的面积。而且门窗洞口、空圈、孔洞的侧壁面积亦不增加,附墙柱的侧面抹灰应并入墙面、墙裙抹灰工程量内计算。

(2)内墙面、墙裙的长度以主墙间的图示净长计算,墙面高度按室内地面至天棚底面净高计算,墙面抹灰面积应扣除墙裙抹灰面积,如墙面和墙裙抹灰种类相同,工程量合并计算。

（3）当设计有室内吊顶时，内墙抹灰、柱面抹灰的高度算至吊顶底面另加 100 mm。

（4）外墙抹灰面积按垂直投影面积计算，应扣除门窗洞口、外墙裙（墙面和墙裙抹灰种类相同者应合并计算）和单个面积>0.3 m² 的孔洞所占面积，不扣除单个面积≤0.3 m² 的孔洞所占面积，门窗洞口及孔洞侧壁面积亦不增加。附墙柱侧面抹灰面积应并入外墙面抹灰面积工程量内。

（5）柱抹灰按结构断面周长乘以抹灰高度计算。

（6）装饰线条抹灰按设计图示尺寸以长度计算。

（7）装饰抹灰分格嵌缝按抹灰面面积计算。

（8）"零星项目"按设计图示尺寸以展开面积计算。

（9）挂贴石材零星项目中柱墩、柱帽是按圆弧形成品考虑的，按其圆的最大外径周长计算；其他类型的柱帽、柱墩工程量按设计图示尺寸以展开面积计算。

（10）镶贴块料面层，按镶贴表面积计算。柱镶贴块料面层按设计图示饰面外围尺寸乘以高度以面积计算。

三、天棚

（一）天棚施工流程

天棚施工流程为：天棚基层清理—混凝土表面缺陷处理—水泥棱打磨—浇水清洗润湿—涂刷界面剂—表面棱角找直—凹陷不平处水泥砂浆修补找平—第一遍薄抹灰刮底—打砂纸整修平整—第二遍薄抹灰罩面—两遍砂纸打磨成型。

（二）天棚组价注意事项

天棚包括天棚抹灰、天棚吊顶、天棚其他装饰。

（1）抹灰项目中砂浆配合比与设计不同时，可按设计要求予以换算；当设计厚度与定额取定厚度不同时，按相应项目调整。

（2）如混凝土天棚刷素水泥浆或界面剂，按《河南省房屋建筑与装饰工程预算定额》（HA 01 - 31—2016）"第十二章　墙、柱面装饰与隔断、幕墙工程"相应项目人工乘以系数 1.15。

（3）楼梯底板抹灰按本章相应项目执行，其中锯齿形楼梯按相应项目人工乘以系数 1.35。

（4）天棚抹灰。按设计图示尺寸以展开面积计算天棚抹灰。不扣除间壁墙、垛、柱、附墙烟囱、检查口和管道所占的面积，带梁天棚的梁两侧抹灰面积并入天棚面积内，板式楼梯底面抹灰面积（包括踏步、休息平台及≤500 mm 宽的楼梯井）按水平投影面积乘以系数 1.15 计算，锯齿形楼梯底板抹灰面积（包括踏步、休息平台及≤500 mm 宽的楼梯井）按水平投影面积乘以系数 1.37 计算。

（三）天棚工程量计算规则

（1）天棚抹灰。按设计图示尺寸以展开面积计算天棚抹灰。不扣除间壁墙、垛、柱、附墙烟囱、检查口和管道所占面积，带梁天棚的梁两侧抹灰面积并入天棚面积内，板式楼梯底面抹灰面积（包括踏步、休息平台及≤500 mm 宽的楼梯井）按水平投影面积乘以系数 1.15 计算，锯齿形楼梯底板抹灰面积（包括踏步、休息平台及≤500 mm 宽的楼梯井）

按水平投影面积乘以系数 1.37 计算。

（2）天棚龙骨按主墙间水平投影面积计算，不扣除间壁墙、垛、柱、附墙烟囱、检查口和管道所占面积，扣除单个>0.3 m² 的空洞、独立柱及与天棚相连的窗帘盒所占面积。斜面龙骨按斜面计算。

（3）天棚吊顶的基层和面层均按设计图示尺寸以展开面积计算。天棚面中的灯槽及跌级、阶梯式、锯齿形、吊挂式、藻井式天棚按展开面积计算。不扣除间壁墙、垛、柱、附墙烟囱、检查口和管道所占面积，扣除单个>0.3 m² 的孔洞、独立柱及与天棚相连的窗帘盒所占面积。

（4）格栅吊顶、藤条造型悬挂吊顶、织物软雕吊顶和装饰网架吊顶，按设计图示尺寸以水平投影面积计算。吊筒吊顶按最大外围水平投影尺寸，以外接矩形面积计算。

四、屋面

（一）屋面施工流程

找坡工艺流程为：基层清理—管根封堵—标高坡度弹线—洒水湿润—施工陶粒混凝土找坡层—养护—验收。

找平工艺流程为：基层清理—标高控制线—洒水湿润—施工水泥砂浆找平层—阴阳角做圆角—养护—验收。

防水涂料工艺流程为：基层表面清理、修整—喷涂基层处理剂（底涂料）—特殊部位附加增强处理—涂布防水涂料及铺贴胎体增强材料—清理与检查修整—保护层施工。

卷材工艺流程为：基层表面清理、修补—喷、涂基层处理剂—节点附加增强处理—定位、弹线、试铺—铺贴卷材—收头处理、节点密封—清理、检查、修整—保护层施工。

细石混凝土保护层施工流程为：绑扎钢筋网—分仓缝模板支设—摊铺混凝土—振捣—抹平—压光—养护。

面层施工包括铺设防滑地砖、预制混凝土块面层及种植屋面施工。

（二）屋面组价注意事项

（1）屋面工程由采用不同材料做成各种外形的屋面、屋面保温层、隔热层和屋面排水等四部分组成。屋面覆盖在房屋的最上层，直接与外界接触，其作用是抵抗雨、雪、风等侵袭，必须具有保温、隔热、防水等性能。

（2）屋面一般按其坡度的不同分为坡屋面和平屋面两大类；根据屋面的不同防水材料、排水坡度可分为瓦屋面、波形瓦屋面、混凝土构件防水屋面、金属铁皮屋面、油毡和现浇混凝土防水平屋面等；根据使用功能可分为上人屋面和不上人屋面。

（3）25%<坡度≤45%及人字形、锯齿形、弧形等不规则瓦屋面，人工乘以系数 1.3；坡度>45%的，人工乘以系数 1.43。

（4）防水。

①细石混凝土防水层使用钢筋网时，执行《房屋建筑与装饰工程消耗量定额》（TY 01-31—2015）"第五章　混凝土及钢筋混凝土工程"中相应项目。

②平（屋）面以坡度≤15%为准，15%<坡度≤25%的，按相应项目的人工乘以系数 1.18；25%<坡度≤45%及人字形、锯齿形、弧形等不规则屋面或平面，人工乘以系数 1.3；

坡度>45%的,人工乘以系数 1.43。

③防水卷材、防水涂料及防水砂浆,定额以平面和立面列项,实际施工桩头、地沟零星部位时,人工乘以系数 1.43;单个房间楼地面面积≤8 m² 时,人工乘以系数 1.3。

④卷材防水附加层套用卷材防水相应项目,人工乘以系数 1.43。

⑤立面是以直形为依据编制的弧形者,相应项目的人工乘以系数 1.18。

⑥冷粘法以满铺为依据编制的,点、条铺粘法按其相应项目的人工乘以系数 0.91,黏合剂乘以系数 0.7。

(5)屋面排水。

①水落管、水口、水斗均按材料成品、现场安装考虑。

②铁皮屋面及铁皮排水项目内已包括铁皮咬口和搭接的工料。

③采用不锈钢水落管排水时,执行镀锌钢管项目,材料按实换算,人工乘以系数 1.1。

(三)屋面工程量计算规则

(1)各种屋面和型材屋面(包括挑檐部分)均按设计图示尺寸以面积计算(斜屋面按斜面面积计算),不扣除房上烟囱、风帽底座、风道、小气窗、斜沟和脊瓦等所占面积,小气窗的出檐部分也不增加。

(2)西班牙瓦、瓷质波形瓦、英红瓦屋面的正斜脊瓦、檐口线,按设计图示尺寸以长度计算。

(3)采光板屋面和玻璃采光顶屋面按设计图示尺寸以面积计算,不扣除面积≤0.3 m² 的孔洞所占面积。

(4)膜结构屋面按设计图示尺寸以需要覆盖的水平投影面积计算。膜材料可以调整含量。

(5)屋面防水,按设计图示尺寸以面积计算(斜屋面按斜面面积计算),不扣除房上烟囱、风帽底座、风道、屋面小气窗等所占面积,上翻部分也不另计算;屋面的女儿墙、伸缩缝和天窗等处的弯起部分,按设计图示尺寸计算;设计无规定时,伸缩缝、女儿墙、天窗的弯起部分按 500 mm 计算,计入立面工程量内。

(6)屋面、楼地面及墙面、基础底板等,其防水搭接、拼缝、压边、留槎用量已综合考虑,不另行计算,卷材防水附加层按设计铺贴尺寸以面积计算。卷材防水附加层按设计规范相关规定以面积计算。

(7)屋面分格缝按设计图示尺寸,以长度计算。

(8)水落管、镀锌铁皮天沟、檐沟按设计图示尺寸,以长度计算。水斗、下水口、雨水口、弯头、短管等均以设计数量计算。种植屋面排水按设计尺寸以铺设排水层面积计算;不扣除房上烟囱、风帽底座、风道、屋面小气窗、斜沟和脊瓦等所占面积,以及面积≤0.3 m² 的孔洞所占面积;屋面小气窗的出檐部分也不增加。

五、散水

(一)散水施工流程

散水施工流程为:场地平整—灰土垫层—支模—混凝土浇筑—表面压光—拆模—侧面压光—沥青填缝—养护。

(二)散水组价注意事项

(1)散水混凝土厚度按 60 mm 编制,当设计厚度不同时,可以换算;散水包含了混凝土浇筑、表面压实抹光及嵌缝内容,未包括基础夯实、垫层内容。

(2)散水按设计图示尺寸,以水平投影面积计算。

(3)散水模板执行垫层相应项目。

实体单价组成见表 9-1～表 9-7。

表 9-1　实体单价组成(一)

工程名称:装修　　　　　　　　　　　　　　　　　　　　　　　第 1 页　共 7 页

序号	项目编码	011102001001	项目名称	石材楼地面
	项目特征	地面1:大理石地面 800×800,具体做法详见 05YJ1-地 21; 1.20 厚大理石铺实拍平,水泥浆擦缝; 2.胶粘剂 DTA 砂浆一道; 3.30 厚干混地面砂浆 DS M20 找平; 4.80 厚 C15 素混凝土垫层		
	单位	m²	数量	1
	分析表编号	工艺流程		
1	001	浇筑、振捣、养护等		
2	002	清理基层、调运砂浆、抹平、压实		
3	003	清理基层、试排划线、锯板修边、铺抹结合层、铺贴饰面、清理净面		
	费用组成			金额
a	人工费			38.8
b	材料费			227.12
e	机械费			1.14
f	管理费			6.75
g	利润			3.68
h	安全文明施工费			3.17
i	其他措施费用			1.46
j	规费			3.93
k	增值税			25.74
l	综合单价			277.49

续表 9-1

序号	名称	单位	单价	含量	金额	备注
1	人工					
	综合工日	工日		0.28		
2	材料				227.13	
	水	m³	5.13	0.054 6	0.28	
	电	kW·h	0.7	0.13	0.09	
	塑料薄膜	m²	0.26	0.38	0.1	
	棉纱头	kg	12	0.01	0.12	
	石料切割锯片	片	31.52	0.006 2	0.2	
	白水泥	kg	0.57	0.1	0.06	
	锯木屑	m³	18	0.006	0.11	
	干混地面砂浆	m³	180	0.030 6	5.51	
	预拌混凝土	m³	200	0.080 8	16.16	
	天然石材饰面板	m²	200	1.02	204	
	胶粘剂 DTA 砂浆	m³	497.85	0.001	0.5	
3	机械				1.01	
	折旧费	元	0.85	0.14	0.12	
	检修费	元	0.85	0.02	0.02	
	维护费	元	0.85	0.044	0.04	
	安拆费及场外运费	元	0.9	0.05	0.05	
	机械人工	工日	134	0.005 1	0.68	
	电	kW·h	0.7	0.15	0.1	

注:此表填写可根据实际需要进行组合。

表 9-2　实体单价组成(二)

工程名称:装修　　　　　　　　　　　　　　　　　　　　　　　　　第 2 页　共 7 页

项目编码	011201001001	项目名称	墙面一般抹灰
项目特征	内墙 1 涂料墙面: 1. 满刮腻子一遍,刷底漆一遍,乳胶漆两遍(单列); 2.(14+6)mm 干混抹灰砂浆 DP M10 抹灰		
单位	m²	数量	1

序号	分析表编号	工艺流程			
4	004	1. 清理基层、修补堵眼、湿润基层、运输、清扫落地灰; 2. 分层抹灰找平、面层压光(包括门窗洞口侧壁抹灰)			

	费用组成				金额
a	人工费				16.3
b	材料费				4.23
e	机械费				0.86
f	管理费				3.16
g	利润				2.07
h	安全文明施工费				1.33
i	其他措施费用				0.61
j	规费				1.65
k	增值税				2.72
l	综合单价				26.62

序号	名称	单位	单价	含量	金额	备注
1	人工					
	综合工日	工日		0.12		
2	材料				4.23	
	水	m³	5.13	0.01	0.05	
	干混抹灰砂浆	m³	180	0.023 2	4.18	
3	机械				0.77	
	折旧费	元	0.85	0.105	0.09	
	检修费	元	0.85	0.017	0.01	
	维护费	元	0.85	0.03	0.03	
	安拆费及场外运费	元	0.9	0.04	0.04	
	机械人工	工日	134	0.003 9	0.52	
	电	kW·h	0.7	0.111	0.08	

注:此表填写可根据实际需要进行组合。

表9-3 实体单价组成（三）

工程名称：装修

	项目编码	011406001001		项目名称	抹灰面油漆
序号	项目特征	内墙1涂料墙面：1.满刮腻子两遍,刷底漆一遍,乳胶漆两遍			
	单位	m²	数量		1
	分析表编号	工艺流程			
5	005	1.室内外：清扫、满刮腻子两遍、打磨、刷底漆一遍、乳胶漆两遍等；2.每增加一遍：刷乳胶漆一遍等			
	费用组成				金额
a	人工费				11.77
b	材料费				5.23
e	机械费				
f	管理费				1.86
g	利润				1.44
h	安全文明施工费				0.93
i	其他措施费用				0.43
j	规费				1.15
k	增值税				2.05
l	综合单价				20.3

序号	名称	单位	单价	含量	金额	备注
1	人工					
	综合工日	工日		0.08		
2	材料				5.24	
	水	m³	5.13	0.001	0.01	
	其他材料费	元	1	0.05	0.05	
	水砂纸	张	0.42	0.1	0.04	
	苯丙清漆	kg	12.3	0.116 2	1.43	
	苯丙乳胶漆内墙用	kg	8	0.278	2.22	
	成品腻子粉	kg	0.7	2.04	1.43	
	油漆溶剂油	kg	4.4	0.012 9	0.06	

注：此表填写可根据实际需要进行组合。

表9-4　实体单价组成(四)

工程名称:装修　　　　　　　　　　　　　　　　　　　　第4页　共7页

序号	项目编码	011301001001		项目名称	天棚抹灰
	项目特征	天棚1:抹灰天棚,具体做法详见05YJ1-顶4;涂24; 1.满刮腻子一遍,刷底漆一遍,乳胶漆两遍(单列); 2.12 mm厚干混抹灰砂浆 DP M10抹灰			
	单位	m²		数量	1
	分析表编号	工艺流程			
6	006	1.清理修补基层表面、堵眼、调运砂浆、清扫落地灰; 2.抹灰找平、罩面及压光			
	费用组成				金额
a	人工费				17.88
b	材料费				2.48
e	机械费				0.5
f	管理费				3.74
g	利润				2.53
h	安全文明施工费				1.4
i	其他措施费用				0.64
j	规费				1.74
k	增值税				2.78
l	综合单价				27.13

序号	名称	单位	单价	含量	金额	备注
1	人工					
	综合工日	工日		0.12		
2	材料				2.49	
	水	m³	5.13	0.008 4	0.04	
	干混抹灰砂浆	m³	180	0.013 6	2.45	
3	机械				0.43	
	折旧费	元	0.85	0.06	0.05	
	检修费	元	0.85	0.01	0.01	
	维护费	元	0.85	0.02	0.02	
	安拆费及场外运费	元	0.9	0.02	0.02	
	机械人工	工日	134	0.002 2	0.29	
	电	kW·h	0.7	0.06	0.04	

注:此表填写可根据实际需要进行组合。

表9-5　实体单价组成（五）

工程名称:装修

序号	项目编码	011406001002		项目名称	抹灰面油漆
	项目特征	天棚1:抹灰天棚,具体做法详见05YJ1-顶4;涂24; 1.满刮腻子二遍,刷底漆一遍,乳胶漆两遍			
	单位	m²		数量	1
	分析表编号	工艺流程			
7	007	1.室内外:清扫、满刮腻子二遍、打磨、刷底漆一遍、乳胶漆二遍等; 2.每增加一遍:刷乳胶漆一遍等			

	费用组成				金额
a	人工费				15.07
b	材料费				5.23
e	机械费				
f	管理费				2.34
g	利润				1.8
h	安全文明施工费				1.16
i	其他措施费用				0.53
j	规费				1.44
k	增值税				2.48
l	综合单价				24.44

序号	名称	单位	单价	含量	金额	备注
1	人工					
	综合工日	工日		0.1		
2	材料				5.24	
	水	m³	5.13	0.001	0.01	
	其他材料费	元	1	0.05	0.05	
	水砂纸	张	0.42	0.1	0.04	
	苯丙清漆	kg	12.3	0.116 2	1.43	
	苯丙乳胶漆 内墙用	kg	8	0.278	2.22	
	成品腻子粉	kg	0.7	2.04	1.43	
	油漆溶剂油	kg	4.4	0.012 9	0.06	

注:此表填写可根据实际需要进行组合。

表9-6　实体单价组成(六)

序号	项目编码	010507001001	项目名称	散水
	项目特征	1.60厚C15细石混凝土面层,水泥砂子压实赶光; 2.150厚3:7灰土宽出面层300; 3.素土夯实,向外坡4%; 4.散水伸缩缝做法:沥青砂浆		
	单位	m²	数量	1
	分析表编号	工艺流程		
8	008	打夯、平整		
9	009	拌和、铺设垫层,找平压(夯)实		
10	010	浇筑、振捣、养护等		
11	011	模板及支撑制作、安装、拆除、堆放、运输及清理模板内杂物、刷隔离剂等		

	费用组成		金额
a	人工费		25.82
b	材料费		34.49
e	机械费		0.58
f	管理费		6.68
g	利润		3.86
h	安全文明施工费		2.45
i	其他措施费用		1.12
j	规费		3.04
k	增值税		7.03
l	综合单价		71.43

序号	名称	单位	单价	含量	金额	备注
1	人工					
	综合工日	工日		0.22		
2	材料				34.49	
	预拌混凝土	m³	260	0.060 6	15.76	
	土工布	m²	11.7	0.072 1	0.84	
	水	m³	5.13	0.343 5	1.76	
	电	kW·h	0.7	0.003		
	板方材	m³	2 100			
	预拌水泥砂浆	m³	220	0.004 9	1.08	
	生石灰	t	130	0.037 2	4.83	
	黏土	m³	15	0.176	2.64	

续表9-6

序号	名称	单位	单价	含量	金额	备注
	圆钉	kg	7			
	隔离剂	kg	0.82			
	镀锌铁丝	kg	5.95			
	复合模板	m²	37.12			
	石油沥青砂浆	m³	1 483.81	0.005	7.42	
	钢筋	kg	3.4			
3	机械				0.57	
	折旧费	元	0.85	0.075	0.06	
	检修费	元	0.85	0.014	0.01	
	维护费	元	0.85	0.06	0.05	
	安拆费及场外运费	元	0.9	0.14	0.13	
	电	kW·h	0.7	0.46	0.32	

注:此表填写可根据实际需要进行组合。

表9-7 实体单价组成(七)

工程名称:装修 　　　　　　　　　　　　　　　　　　　　　第 7 页　共 7 页

序号	项目编码	010902001001		项目名称	屋面卷材防水
	项目特征	屋面 1:不上人屋面,05YJ1:屋 1(B2-50-F1); 1. 保护层:40 厚 C20 细石混凝土,内配 A4@ 150×150 钢筋网片; 2. 隔离层:干铺沥青胶泥玻璃布一层; 3. 保温层:50 厚挤塑聚苯乙烯泡沫塑料板; 4. 防水层:2 层 3 厚 SBS 卷材上翻 200 mm; 5. 找平层:20 厚干混 DS M20 砂浆; 6. 找坡层:1:8 水泥膨胀珍珠岩找 2%层,最薄处不少于 30 厚; 7. 结构层:钢筋混凝土屋面板			
	单位	m²		数量	1
	分析表编号		工艺流程		

续表 9-7

12	012	清理基层、调制砂浆、铺混凝土或砂浆，压实、抹光
13	013	钢筋制作、运输、绑扎、安装等
14	014	清理基层，制运胶泥，涂冷底子油，铺设油毡、玻璃丝布
15	015	清理基层，粘贴、铺设保温块材
16	016	清理基层，刷基底处理剂，收头钉压条等全部操作过程
17	017	清理基层，刷基底处理剂，收头钉压条等全部操作过程
18	018	清理基层，调运砂浆，抹平、压实
19	019	清理基层，调制保温混合料、铺填及养护

	费用组成		金额
a	人工费		58.67
b	材料费		271.56
e	机械费		1.29
f	管理费		9.8
g	利润		6.19
h	安全文明施工费		5.23
i	其他措施费用		2.42
j	规费		6.49
k	增值税		32.56
l	综合单价		347.51

序号	名称	单位	单价	含量	金额	备注
1	人工					
	综合工日	工日		0.46		
2	材料				271.56	
	水	m³	5.13	0.17	0.87	
	镀锌铁丝	kg	5.95	0.012 3	0.07	
	干混地面砂浆	m³	180	0.025 5	4.59	
	预拌细石混凝土	m³	260	0.040 4	10.5	
	木模板方材	m³	1 800	0.007	1.26	
	钢筋	kg	3.5	1.41	4.93	
	冷底子油	kg	7	1.07	7.5	
	玻璃丝布	m²	4.5	1.15	5.18	

续表 9-7

序号	名称	单位	单价	含量	金额	备注
	水泥 32.5	t	307	0.017 5	5.36	
	石英粉	kg	1.4	1.172	1.64	
	石棉粉	kg	4	0.196	0.78	
	石油沥青 10#	kg	3.69	4.052	14.95	
	珍珠岩	m³	111	0.120 6	13.39	
	聚苯乙烯板	m³	300	0.05	15.3	
	改性沥青嵌缝油膏	kg	12	0.282 6	3.39	
	液化石油气	kg	4.4	1.412 3	6.21	
	SBS 弹性改性沥青防水胶	kg	10	0.867 6	8.68	
	SBS 改性沥青防水卷材	m²	28.84	5.78	166.75	
3	机械				1.18	
	折旧费	元	0.85	0.12	0.1	
	检修费	元	0.85	0.02	0.02	
	维护费	元	0.85	0.042	0.04	
	安拆费及场外运费	元	0.9	0.05	0.05	
	机械人工	工日	134	0.004 3	0.58	
	电	kW·h	0.7	0.14	0.1	
	沥青熔化炉	台班	323.45	0.000 9	0.29	

注:此表填写可根据实际需要进行组合。

第十章　费用定额应用

本章要点

1. 费用定额法定依据。
2. 参考利润取值依据及实际应用进行选择。
3. 费用定额在造价中的作用。

一、费用定额法定依据

为适应深化工程计价改革的需要,根据国家有关法律、法规及相关政策,在总结原建设部、财政部《关于印发〈建筑安装工程费用项目组成〉的通知》(建标〔2003〕206号)(简称《通知》)执行情况的基础上,修订完成了《建筑安装工程费用项目组成》(简称《费用组成》)。主要调整内容和贯彻实施有关注意事项包括以下几项。

(1)《费用组成》调整的主要内容:

①建筑安装工程费用项目组成按费用构成要素划分为人工费、材料费、施工机具使用费、企业管理费、利润、规费和税金(见附件1)。

②为指导工程造价专业人员计算建筑安装工程造价,将建筑安装工程费用项目组成按工程造价形成顺序划分为分部分项工程费、措施项目费、其他项目费、规费和税金(见附件2)。

③按照国家统计局《关于工资总额组成的规定》,合理调整了人工费构成及内容。

④依据国家发展改革委、财政部等9部委发布的《标准施工招标文件》的有关规定,将工程设备费列入材料费,原材料费中的检验试验费列入企业管理费。

⑤将仪器仪表使用费列入施工机具使用费,大型机械设备进出场及安拆费列入措施项目费。

⑥按照《中华人民共和国社会保险法》的规定,将原企业管理费中劳动保险费中的职工死亡丧葬补助费、抚恤费列入规费中的养老保险费;在企业管理费中的财务费和其他中增加担保费用、投标费、保险费。

⑦按照《中华人民共和国社会保险法》《中华人民共和国建筑法》的规定,取消原规费中危险作业意外伤害保险费,增加工伤保险费、生育保险费。

⑧按照财政部的有关规定,在税金中增加地方教育附加。

(2)为指导各部门、各地区按照本通知开展费用标准测算等工作,对原《通知》中建筑安装工程费用参考计算方法、公式和计价程序等进行了相应的修改完善,统一制定了"建筑安装工程费用参考计算方法"和"建筑安装工程计价程序"(见附件3、附件4)。

(3)《费用组成》自2013年7月1日起施行,原建设部、财政部《关于印发〈建筑安装工程费用项目组成〉的通知》(建标〔2003〕206号)同时废止。

附件:1. 建筑安装工程费用项目组成(按费用构成要素划分)。

　　　2. 建筑安装工程费用项目组成(按造价形成划分)。

　　　3. 建筑安装工程费用参考计算方法。

　　　4. 建筑安装工程计价程序。

二、参考利润取值依据及实际应用进行选择

关于利润的规定:

(1)施工企业根据企业自身需求并结合建筑市场实际自主确定,列入报价中。

(2)工程造价管理机构在确定计价定额中利润时,应以定额人工费或(定额人工费+定额机械费)作为计算基数,其费率根据历年工程造价积累的资料,并结合建筑市场实际确定,以单位(单项)工程测算,利润在税前建筑安装工程费的比重可按不低于5%且不高于7%的费率计算。利润应列入分部分项工程和措施项目中。

三、费用定额在造价中的作用

费用定额在造价中具有以下几点重要作用:

(1)预测成本。费用定额作为预估值,可以用于快速计算工程项目的预估成本,并提供给建筑企业进行决策。

(2)市场参考。费用定额汇总了历年来建筑施工、装饰等相关项目的建设情况和成本信息,可以作为业主、设计师、建筑施工企业等在拟定工程项目预算时的市场参考。

(3)依据执行。费用定额在国家住建部门中被广泛应用,并经常使用在各种工程造价核算中,如施工预算、合同金额、竣工结算等环节,是法律依据之一。

(4)需要注意的是,费用定额并不是万能的,实际的工程成本可能会受到多种因素的影响,如地理位置、人力资源、材料价格等。因此,在使用费用定额时需要结合实际情况进行科学调整,才能更好地保证建筑项目的预算准确性。

附件1　建筑安装工程费用项目组成
(按费用构成要素划分)

建筑安装工程费用项目组成按照费用构成要素划分:由人工费、材料(包含工程设备,下同)费、施工机具使用费、企业管理费、利润、规费和税金组成。其中,人工费、材料费、施工机具使用费、企业管理费和利润包含在分部分项工程费、措施项目费、其他项目费中(见附图1)。

一、人工费

人工费是指按工资总额构成规定,支付给从事建筑安装工程施工的生产工人和附属生产单位工人的各项费用。内容包括:

(1)计时工资或计件工资。是指按计时工资标准和工作时间或对已做工作按计件单

价支付给个人的劳动报酬。

（2）奖金。是指对超额劳动和增收节支支付给个人的劳动报酬。如节约奖、劳动竞赛奖等。

（3）津贴补贴。是指为了补偿职工特殊或额外的劳动消耗和因其他特殊原因支付给个人的津贴，以及为了保证职工工资水平不受物价影响支付给个人的物价补贴。如流动施工津贴、特殊地区施工津贴、高温（寒）作业临时津贴、高空津贴等。

（4）加班加点工资。是指按规定支付的在法定节假日工作的加班工资和在法定工作日工作时间外延时工作的加点工资。

（5）特殊情况下支付的工资。是指根据国家法律、法规和政策规定，因病、工伤、产假、计划生育假、婚丧假、事假、探亲假、定期休假、停工学习、执行国家或社会义务等原因按计时工资标准或计时工资标准的一定比例支付的工资。

二、材料费

材料费是指施工过程中耗费的原材料、辅助材料、构配件、零件、半成品或成品、工程设备的费用。内容包括：

（1）材料原价。是指材料、工程设备的出厂价格或商家供应价格。

（2）运杂费。是指材料、工程设备自来源地运至工地仓库或指定堆放地点所发生的全部费用。

（3）运输损耗费。是指材料在运输装卸过程中不可避免的损耗。

（4）采购及保管费。是指为组织采购、供应和保管材料、工程设备的过程中所需要的各项费用。包括采购费、仓储费、工地保管费、仓储损耗。

工程设备是指构成或计划构成永久工程一部分的机电设备、金属结构设备、仪器装置及其他类似的设备和装置。

三、施工机具使用费

施工机具使用费是指施工作业所发生的施工机械、仪器仪表使用费或其租赁费。

（一）施工机械使用费

施工机械使用费以施工机械台班耗用量乘以施工机械台班单价表示，施工机械台班单价应由下列七项费用组成：

（1）折旧费。指施工机械在规定的使用年限内，陆续收回其原值的费用。

（2）大修理费。指施工机械按规定的大修理间隔台班进行必要的大修理，以恢复其正常功能所需的费用。

（3）经常修理费。指施工机械除大修理以外的各级保养和临时故障排除所需的费用。包括为保障机械正常运转所需替换设备与随机配备工具附具的摊销和维护费用，机械运转中日常保养所需润滑与擦拭的材料费用及机械停滞期间的维护和保养费用等。

（4）安拆费及场外运费。安拆费指施工机械（大型机械除外）在现场进行安装与拆卸所需的人工、材料、机械和试运转费用及机械辅助设施的折旧、搭设、拆除等费用；场外运费指施工机械整体或分体自停放地点运至施工现场或由一施工地点运至另一施工地点的运输、装卸、辅助材料及架线等费用。

(5)人工费。指机上司机(司炉)和其他操作人员的人工费。

(6)燃料动力费。指施工机械在运转作业中所消耗的各种燃料及水、电等。

(7)税费。指施工机械按照国家规定应缴纳的车船使用税、保险费及年检费等。

(二)仪器仪表使用费

仪器仪表使用费是指工程施工所需使用的仪器仪表的摊销及维修费用。

四、企业管理费

企业管理费是指建筑安装企业组织施工生产和经营管理所需的费用。内容包括：

(1)管理人员工资。是指按规定支付给管理人员的计时工资、奖金、津贴补贴、加班加点工资及特殊情况下支付的工资等。

(2)办公费。是指企业管理办公用的文具、纸张、账表、印刷、邮电、书报、办公软件、现场监控、会议、水电、烧水和集体取暖降温(包括现场临时宿舍取暖降温)等费用。

(3)差旅交通费。是指职工因公出差、调动工作的差旅费、住勤补助费,市内交通费和误餐补助费,职工探亲路费,劳动力招募费,职工退休、退职一次性路费,工伤人员就医路费,工地转移费以及管理部门使用的交通工具的油料、燃料等费用。

(4)固定资产使用费。是指管理和试验部门及附属生产单位使用的属于固定资产的房屋、设备、仪器等的折旧、大修、维修或租赁费。

(5)工具用具使用费。是指企业施工生产和管理使用的不属于固定资产的工具、器具、家具、交通工具和检验、试验、测绘、消防用具等的购置、维修和摊销费。

(6)劳动保险和职工福利费。是指由企业支付的职工退职金、按规定支付给离休干部的经费,集体福利费、夏季防暑降温、冬季取暖补贴、上下班交通补贴等。

(7)劳动保护费。是企业按规定发放的劳动保护用品的支出。如工作服、手套、防暑降温饮料及在有碍身体健康的环境中施工的保健费用等。

(8)检验试验费。是指施工企业按照有关标准规定,对建筑以及材料、构件和建筑安装物进行一般鉴定、检查所发生的费用,包括自设实验室进行试验所耗用的材料等费用。不包括新结构、新材料的试验费,对构件做破坏性试验及其他特殊要求检验试验的费用和建设单位委托检测机构进行检测的费用,对此类检测发生的费用,由建设单位在工程建设其他费用中列支。但对施工企业提供的具有合格证明的材料进行检测不合格的,该检测费用由施工企业支付。

(9)工会经费。是指企业按《中华人民共和国工会法》规定的全部职工工资总额比例计提的工会经费。

(10)职工教育经费。是指按职工工资总额的规定比例计提,企业为职工进行专业技术和职业技能培训,专业技术人员继续教育、职工职业技能鉴定、职业资格认定以及根据需要对职工进行各类文化教育所发生的费用。

(11)财产保险费。是指施工管理用财产、车辆等的保险费用。

(12)财务费。是指企业为施工生产筹集资金或提供预付款担保、履约担保、职工工资支付担保等所发生的各种费用。

（13）税金。是指企业按规定缴纳的房产税、车船使用税、土地使用税、印花税等。

（14）其他。包括技术转让费、技术开发费、投标费、业务招待费、绿化费、广告费、公证费、法律顾问费、审计费、咨询费、保险费等。

五、利润

利润是指施工企业完成所承包工程获得的盈利。

六、规费

规费是指按国家法律、法规规定，由省级政府和省级有关权力部门规定必须缴纳或计取的费用。包括以下几项。

（一）社会保险费

（1）养老保险费。是指企业按照规定标准为职工缴纳的基本养老保险费。

（2）失业保险费。是指企业按照规定标准为职工缴纳的失业保险费。

（3）医疗保险费。是指企业按照规定标准为职工缴纳的基本医疗保险费。

（4）生育保险费。是指企业按照规定标准为职工缴纳的生育保险费。

（5）工伤保险费。是指企业按照规定标准为职工缴纳的工伤保险费。

（二）住房公积金

住房公积金是指企业按规定标准为职工缴纳的住房公积金。

（三）工程排污费

工程排污费是指按规定缴纳的施工现场工程排污费。

其他应列而未列入的规费，按实际发生计取。

七、税金

税金是指国家税法规定的应计入建筑安装工程造价内的营业税、城市维护建设税、教育费附加以及地方教育附加。

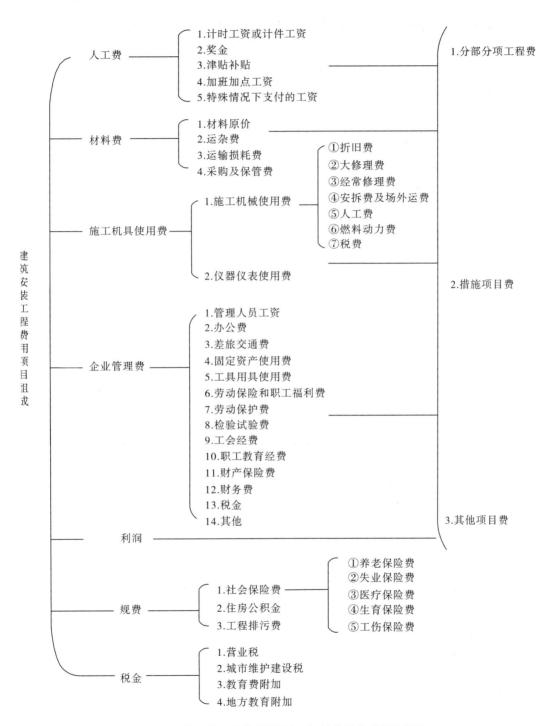

附图 1　建筑安装工程费用项目组成（按费用构成要素划分）

附件2 建筑安装工程费用项目组成(按工程造价形成划分)

建筑安装工程费按照工程造价形成由分部分项工程费、措施项目费、其他项目费、规费、税金组成,分部分项工程费、措施项目费、其他项目费包含人工费、材料费、施工机具使用费、企业管理费和利润(见附图2)。

一、分部分项工程费

分部分项工程费是指各专业工程的分部分项工程应予列支的各项费用。

(1)专业工程。是指按现行国家计量规范划分的房屋建筑与装饰工程、仿古建筑工程、通用安装工程、市政工程、园林绿化工程、矿山工程、构筑物工程、城市轨道交通工程、爆破工程等各类工程。

(2)分部分项工程。是指按现行国家计量规范对各专业工程划分的项目。如房屋建筑与装饰工程划分的土石方工程、地基处理与桩基工程、砌筑工程、钢筋及钢筋混凝土工程等。

各类专业工程的分部分项工程划分见现行国家或行业计量规范。

二、措施项目费

措施项目费是指为完成建设工程施工,发生于该工程施工前和施工过程中的技术、生活、安全、环境保护等方面的费用。内容包括以下几项。

(一)安全文明施工费

(1)环境保护费。是指施工现场为达到环保部门要求所需要的各项费用。

(2)文明施工费。是指施工现场文明施工所需要的各项费用。

(3)安全施工费。是指施工现场安全施工所需要的各项费用。

(4)临时设施费。是指施工企业为进行建设工程施工所必须搭设的生活和生产用的临时建筑物、构筑物和其他临时设施费用。包括临时设施的搭设、维修、拆除、清理费或摊销费等。

(二)夜间施工增加费

夜间施工增加费是指因夜间施工所发生的夜班补助费、夜间施工降效、夜间施工照明设备摊销及照明用电等费用。

(三)二次搬运费

二次搬运费是指因施工场地条件限制而发生的材料、构配件、半成品等一次运输不能到达堆放地点,必须进行二次或多次搬运所发生的费用。

(四)冬雨季施工增加费

冬雨季施工增加费是指在冬季或雨季施工需增加的临时设施、防滑、排除雨雪,人工及施工机械效率降低等费用。

(五)已完工程及设备保护费

已完工程及设备保护费是指竣工验收前,对已完工程及设备采取的必要保护措施所发生的费用。

(六) 工程定位复测费

工程定位复测费是指工程施工过程中进行全部施工测量放线和复测工作的费用。

(七) 特殊地区施工增加费

特殊地区施工增加费是指工程在沙漠或其边缘地区、高海拔、高寒、原始森林等特殊地区施工增加的费用。

(八) 大型机械设备进出场及安拆费

大型机械设备进出场及安拆费是指机械整体或分体自停放场地运至施工现场或由一个施工地点运至另一个施工地点,所发生的机械进出场运输及转移费用及机械在施工现场进行安装、拆卸所需的人工费、材料费、机械费、试运转费和安装所需的辅助设施的费用。

(九) 脚手架工程费

脚手架工程费是指施工需要的各种脚手架搭、拆、运输费用以及脚手架购置费的摊销(或租赁)费用。

措施项目及其包含的内容详见各类专业工程的现行国家或行业计量规范。

三、其他项目费

(一) 暂列金额

暂列金额是指建设单位在工程量清单中暂定并包括在工程合同价款中的一笔款项。用于施工合同签订时尚未确定或者不可预见的所需材料、工程设备、服务的采购,施工中可能发生的工程变更、合同约定调整因素出现时的工程价款调整以及发生的索赔、现场签证确认等的费用。

(二) 计日工

计日工是指在施工过程中,施工企业完成建设单位提出的施工图纸以外的零星项目或工作所需的费用。

(三) 总承包服务费

总承包服务费是指总承包人为配合、协调建设单位进行的专业工程发包,对建设单位自行采购的材料、工程设备等进行保管以及施工现场管理、竣工资料汇总整理等服务所需的费用。

四、规费

定义同附件1。

五、税金

定义同附件1。

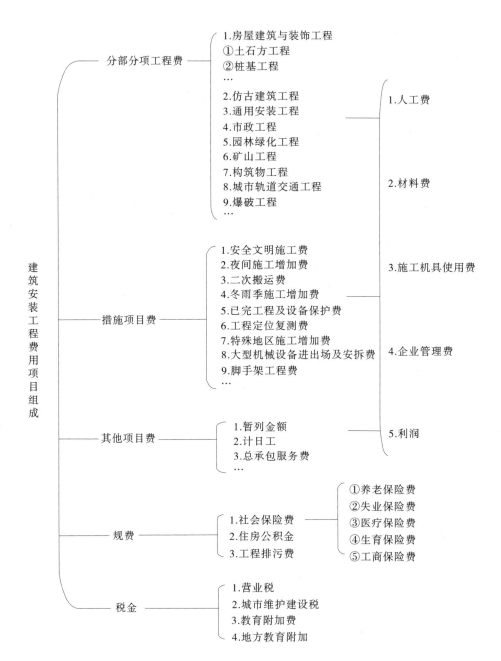

附图2　建筑安装工程费用项目组成(按造价形成划分)

附件3　建筑安装工程费用参考计算方法

一、各费用构成要素计算方法

(一)人工费

$$人工费 = \sum(工日消耗量 \times 日工资单价)$$

$$日工资单价 = \frac{生产工人平均月工资(计时、计件) + 平均月(奖金 + 津贴补贴 + 特殊情况下支付的工资)}{年平均每月法定工作日}$$

(公式1)

注:公式1主要适用于施工企业投标报价时自主确定人工费,也是工程造价管理机构编制计价定额确定定额人工单价或发布人工成本信息的参考依据。

$$人工费 = \sum(工程工日消耗量 \times 日工资单价) \qquad (公式2)$$

日工资单价是指施工企业平均技术熟练程度的生产工人在每工作日(国家法定工作时间内)按规定从事施工作业应得的日工资总额。

工程造价管理机构确定日工资单价应通过市场调查、根据工程项目的技术要求,参考实物工程量人工单价综合分析确定,最低日工资单价不得低于工程所在地人力资源和社会保障部门所发布的最低工资标准的:普工1.3倍,一般技工2倍,高级技工3倍。

工程计价定额不可只列一个综合工日单价,应根据工程项目技术要求和工种差别适当划分多种日人工单价,确保各分部工程人工费的合理构成。

注:公式2适用于工程造价管理机构编制计价定额时确定定额人工费,是施工企业投标报价的参考依据。

(二)材料费

1. 材料费

$$材料费 = \sum(材料消耗量 \times 材料单价)$$

$$材料单价 = \{(材料原价 + 运杂费) \times [1 + 运输损耗率(\%)]\} \times [1 + 采购保管费率(\%)]$$

2. 工程设备费

$$工程设备费 = \sum(工程设备量 \times 工程设备单价)$$

$$工程设备单价 = (设备原价 + 运杂费) \times [1 + 采购保管费率(\%)]$$

(三)施工机具使用费

1. 施工机械使用费

$$施工机械使用费 = \sum(施工机械台班消耗量 \times 机械台班单价)$$

$$机械台班单价 = 台班折旧费 + 台班大修理费 + 台班经常修理费 + 台班安拆费及$$
$$场外运费 + 台班人工费 + 台班燃料动力费 + 台班车船税费$$

注:工程造价管理机构在确定计价定额中的施工机械使用费时,应根据《建筑施工机械台班费用计算规则》结合市场调查编制施工机械台班单价。施工企业可以参考工程造

价管理机构发布的台班单价,自主确定施工机械使用费的报价,如租赁施工机械,公式为:

$$施工机械使用费 = \sum(施工机械台班消耗量 \times 机械台班租赁单价)$$

2. 仪器仪表使用费

$$仪器仪表使用费 = 工程使用的仪器仪表摊销费 + 维修费$$

(四)企业管理费费率

(1)以分部分项工程费为计算基础:

$$企业管理费费率(\%) = \frac{生产工人年平均管理费}{年有效施工天数 \times 人工单价} \times 人工费占分部分项工程费比例(\%)$$

(2)以人工费和机械费合计为计算基础:

$$企业管理费费率(\%) = \frac{生产工人年平均管理费}{年有效施工天数 \times (人工单价 + 每一工日机械使用费)} \times 100\%$$

(3)以人工费为计算基础:

$$企业管理费费率(\%) = \frac{生产工人年平均管理费}{年有效施工天数 \times 人工单价} \times 100\%$$

注:上述公式适用于施工企业投标报价时自主确定管理费,是工程造价管理机构编制计价定额确定企业管理费的参考依据。

工程造价管理机构在确定计价定额中企业管理费时,应以定额人工费或(定额人工费+定额机械费)作为计算基数,其费率根据历年工程造价积累的资料,辅以调查数据确定,列入分部分项工程和措施项目中。

(五)利润

(1)施工企业根据企业自身需求并结合建筑市场实际自主确定,列入报价中。

(2)工程造价管理机构在确定计价定额中利润时,应以定额人工费或(定额人工费+定额机械费)作为计算基数,其费率根据历年工程造价积累的资料,并结合建筑市场实际确定,以单位(单项)工程测算,利润在税前建筑安装工程费的比重可按不低于5%且不高于7%的费率计算。利润应列入分部分项工程和措施项目中。

(六)规费

1. 社会保险费和住房公积金

社会保险费和住房公积金应以定额人工费为计算基础,根据工程所在地省、自治区、直辖市或行业建设主管部门规定费率计算。

$$社会保险费和住房公积金 = \sum(工程定额人工费 \times 社会保险费和住房公积金费率)$$

式中:社会保险费和住房公积金费率可以每万元发承包价的生产工人人工费和管理人员工资含量与工程所在地规定的缴纳标准综合分析取定。

2. 工程排污费

工程排污费等其他应列而未列入的规费应按工程所在地环境保护等部门规定的标准缴纳,按实计取列入。

(七)税金

税金计算公式:

$$税金 = 税前造价 \times 综合税率(\%)$$

综合税率:

(1)纳税地点在市区的企业:

$$综合税率(\%) = \frac{1}{1 - 3\% - (3\% \times 7\%) - (3\% \times 3\%) - (3\% \times 2\%)} - 1$$

(2)纳税地点在县城、镇的企业:

$$综合税率(\%) = \frac{1}{1 - 3\% - (3\% \times 5\%) - (3\% \times 3\%) - (3\% \times 2\%)} - 1$$

(3)纳税地点不在市区、县城、镇的企业:

$$综合税率(\%) = \frac{1}{1 - 3\% - (3\% \times 1\%) - (3\% \times 3\%) - (3\% \times 2\%)} - 1$$

(4)实行营业税改增值税的,按纳税地点现行税率计算。

二、建筑安装工程计价参考公式如下

(一)分部分项工程费

$$分部分项工程费 = \sum (分部分项工程量 \times 综合单价)$$

式中:综合单价包括人工费、材料费、施工机具使用费、企业管理费和利润及一定范围的风险费用(下同)。

(二)措施项目费

(1)国家计量规范规定应予计量的措施项目,其计算公式为:

$$措施项目费 = \sum (措施项目工程量 \times 综合单价)$$

(2)国家计量规范规定不宜计量的措施项目计算方法如下。

①安全文明施工费。

$$安全文明施工费 = 计算基数 \times 安全文明施工费费率(\%)$$

计算基数应为定额基价(定额分部分项工程费+定额中可以计量的措施项目费)、定额人工费或(定额人工费+定额机械费),其费率由工程造价管理机构根据各专业工程的特点综合确定。

②夜间施工增加费。

$$夜间施工增加费 = 计算基数 \times 夜间施工增加费费率(\%)$$

③二次搬运费。

$$二次搬运费 = 计算基数 \times 二次搬运费费率(\%)$$

④冬雨季施工增加费。

$$冬雨季施工增加费 = 计算基数 \times 冬雨季施工增加费费率(\%)$$

⑤已完工程及设备保护费。

$$已完工程及设备保护费 = 计算基数 \times 已完工程及设备保护费费率(\%)$$

上述②~⑤项措施项目的计费基数应为定额人工费或(定额人工费+定额机械费),其费率由工程造价管理机构根据各专业工程特点和调查资料综合分析后确定。

(三)其他项目费

(1)暂列金额由建设单位根据工程特点,按有关计价规定估算,施工过程中由建设单位掌握使用、扣除合同价款调整后如有余额,归建设单位。

(2)计日工由建设单位和施工企业按施工过程中的签证计价。

(3)总承包服务费由建设单位在招标控制价中根据总包服务范围和有关计价规定编制,施工企业投标时自主报价,施工过程中按签约合同价执行。

(四)规费和税金

建设单位和施工企业均应按照省、自治区、直辖市或行业建设主管部门发布标准计算规费和税金,不得作为竞争性费用。

三、相关问题的说明

(1)各专业工程计价定额的编制及其计价程序,均按本通知实施。

(2)各专业工程计价定额的使用周期原则上为 5 年。

(3)工程造价管理机构在定额使用周期内,应及时发布人工、材料、机械台班价格信息,实行工程造价动态管理,如遇国家法律、法规、规章或相关政策变化以及建筑市场物价波动较大时,应适时调整定额人工费、定额机械费及定额基价或规费费率,使建筑安装工程费能反映建筑市场实际。

(4)建设单位在编制招标控制价时,应按照各专业工程的计量规范和计价定额及工程造价信息编制。

(5)施工企业在使用计价定额时除不可竞争费用外,其余仅作为参考,由施工企业投标时自主报价。

附件4　建筑安装工程计价程序

附表1　建设单位工程招标控制价计价程序

工程名称：　　　　　　　　　　　　　　标段：

序号	内容	计算方法	金额/元
1	分部分项工程费	按计价规定计算	
1.1			
1.2			
1.3			
1.4			
1.5			
2	措施项目费	按计价规定计算	
2.1	其中:安全文明施工费	按规定标准计算	
3	其他项目费		
3.1	其中:暂列金额	按计价规定估算	
3.2	其中:专业工程暂估价	按计价规定估算	
3.3	其中:计日工	按计价规定估算	
3.4	其中:总承包服务费	按计价规定估算	
4	规费	按规定标准计算	
5	税金(扣除不列入计税范围的工程设备金额)	(1+2+3+4)×规定税率	

招标控制价合计=1+2+3+4+5

附表2 施工企业工程投标报价计价程序

工程名称： 标段：

序号	内容	计算方法	金额/元
1	分部分项工程费	自主报价	
1.1			
1.2			
1.3			
1.4			
1.5			
2	措施项目费	自主报价	
2.1	其中:安全文明施工费	按规定标准计算	
3	其他项目费		
3.1	其中:暂列金额	按招标文件提供金额计列	
3.2	其中:专业工程暂估价	按招标文件提供金额计列	
3.3	其中:计日工	自主报价	
3.4	其中:总承包服务费	自主报价	
4	规费	按规定标准计算	
5	税金(扣除不列入计税范围的工程设备金额)	(1+2+3+4)×规定税率	
投标报价合计=1+2+3+4+5			

附表3 竣工结算计价程序

工程名称： 标段：

序号	汇总内容	计算方法	金额/元
1	分部分项工程费	按合同约定计算	
1.1			
1.2			
1.3			
1.4			
1.5			
2	措施项目费	按合同约定计算	
2.1	其中:安全文明施工费	按规定标准计算	
3	其他项目费		
3.1	其中:专业工程结算价	按合同约定计算	
3.2	其中:计日工	按计日工签证计算	
3.3	其中:总承包服务费	按合同约定计算	
3.4	索赔与现场签证	按发承包双方确认数额计算	
4	规费	按规定标准计算	
5	税金(扣除不列入计税范围的工程设备金额)	(1+2+3+4)×规定税率	
竣工结算总价合计 = 1+2+3+4+5			

第十一章　劳动定额应用

本章要点

1. 劳动定额的起源。

2. 劳动定额包含的内容。

3. 劳动定额与预算定额工日的关系。

一、劳动定额的起源

弗雷德里克·温斯洛·泰勒被后世称为"科学管理之父",在制定工作定额时,泰勒是以"第一流的工人在不损害其健康的情况下,维护较长年限的速度"为标准,这种速度不是以突击活动或持续紧张为基础,而是以工人能长期维持的正常速度为基础。通过对个人作业的详细检查,在确定做某件事的每一步操作和行动之后,泰勒能够确定出完成某项工作的最佳时间。有了这种信息,管理者就可以判断出工人是否干得很出色。

二、劳动定额

劳动定额一般认为是劳动消耗定额,是工程定额的一部分(见图 11-1)。

图 11-1　建设工程劳动定额—建筑工程

工程定额是指在正常施工条件下完成规定计量单位的合格建筑安装工程所消耗的人工、材料、施工机具台班、工期天数及相关费率等的数量标准。

工程定额的分类：工程定额是一个综合概念，是建设工程造价计价和管理中各类定额的总称，包括许多种类的定额，可以按照不同的原则和方法对它进行分类。

按定额反映的生产要素消耗内容分类，可以把工程定额划分为劳动消耗定额、材料消耗定额和机具消耗定额三种。

(1)劳动消耗定额。简称劳动定额(也称为人工定额)，是在正常的施工技术和组织条件下，完成规定计量单位合格的建筑安装产品所消耗的人工工日的数量标准。劳动定额的主要表现形式是时间定额，同时也表现为产量定额。时间定额与产量定额互为倒数。

(2)材料消耗定额。简称材料定额，是指在正常的施工技术和组织条件下，完成规定计量单位合格的建筑安装产品所消耗的原材料、成品、半成品、构配件、燃料及水、电等动力资源的数量标准。

(3)机具消耗定额。机具消耗定额由机械消耗定额与仪器仪表消耗定额组成。机械消耗定额是以一台机械一个工作班为计量单位，所以又称为机械台班定额。机械消耗定额是指在正常的施工技术和组织条件下，完成规定计量单位合格的建筑安装产品所消耗的施工机械台班的数量标准。机械消耗定额的主要表现形式是机械时间定额，同时也以产量定额表现。施工仪器仪表消耗定额的表现形式与机械消耗定额类似。

三、预算定额中人工工日消耗量的计算

预算定额中的人工工日消耗量可以有两种确定方法。一种是以劳动定额为基础确定的；另一种是以现场观察测定资料为基础计算的，主要用于遇到劳动定额缺项时，采用现场工作日写实等测时方法测定和计算定额的人工耗用量。

对于建筑业新技术、新材料、新工艺、新设备，具体可参考《建筑业10项新技术(2017版)》，预算定额代表社会平均水平，不包含四新内容，组价需要注意。

预算定额中人工工日消耗量是指在正常施工条件下，生产单位合格产品所必需消耗的人工工日数量，是由分项工程所综合的各个工序劳动定额包括的基本用工、其他用工两部分组成的。

(一)基本用工

基本用工是指完成一定计量单位的分项工程或结构构件的各项工作过程的施工任务所必需消耗的技术工种用工。按技术工种相应劳动定额工时定额计算，以不同工种列出定额工日。基本用工包括：

(1)完成定额计量单位的主要用工，按综合取定的工程量和相应劳动定额进行计算。

$$基本用工 = \sum(综合取定的工程量 \times 劳动定额)$$

例如工程实际中的砖基础，有1砖厚、1砖半厚、2砖厚等之分，用工各不相同，在预算定额中由于不区分厚度，需要按照统计的比例，加权平均得出综合的人工消耗。

(2)按劳动定额规定应增(减)计算的用工量。例如，在砖墙项目中，分项工程的工作内容包括了附墙烟囱孔、垃圾道、壁橱等零星组合部分的内容，其人工消耗量相应增加附加人工消耗。由于预算定额是在施工定额子目的基础上综合扩大的，包括的工作内容较

多,施工的工效视具体部位而不一样,所以需要另外增加人工消耗,而这种人工消耗也可以列入基本用工内。

(二)其他用工

其他用工是辅助基本用工消耗的工日,包括超运距用工、辅助用工和人工幅度差用工。

(1)超运距用工。超运距是指劳动定额中已包括的材料、半成品场内水平搬运距离与预算定额所考虑的现场材料、半成品堆放地点到操作地点的水平运输距离之差。

$$超运距 = 预算定额取定运距 - 劳动定额已包括的运距$$

$$超运距用工 = \sum (超运距材料数量 \times 时间定额)$$

需要指出,实际工程现场运距超过预算定额取定运距时,可另行计算现场二次搬运费。

(2)辅助用工。即技术工种劳动定额内不包括而在预算定额内又必须考虑的用工。如机械土方工程配合用工、材料加工(筛砂、洗石、淋化石膏),电焊点火用工等。

$$辅助用工 = \sum (材料加工数量 \times 相应的加工劳动定额)$$

(3)人工幅度差用工。即预算定额与劳动定额的差额,主要是指在劳动定额中未包括,而在正常施工情况下不可避免但又很难准确计量的用工和各种工时损失。内容包括:①各工种间的工序搭接及交叉作业相互配合或影响所发生的停歇用工;②施工过程中,移动临时水电线路而造成的影响工人操作的时间;③工程质量检查和隐蔽工程验收工作而影响工人操作的时间;④同一现场内单位工程之间因操作地点转移而影响工人操作的时间;⑤工序交接时对前一工序不可避免的修整用工;⑥施工中不可避免的其他零星用工。人工幅度差计算公式如下:

$$人工幅度差 = (基本用工 + 辅助用工 + 超运距用工) \times 人工幅度差系数$$

人工幅度差系数一般为10%~15%。在预算定额中,人工幅度差的用工量列入其他用工量中。

四、劳动定额在造价中的作用

劳动定额是建筑施工、装饰等行业中的基本概念,是指根据设计方案和作业场所的实际条件,确定各项工作所需时间、劳动力、工具用量、材料消耗等因素的标准值。劳动定额通过对施工过程中的人力投入进行科学合理的计算,帮助企业合理配置员工,并掌握工程项目的人力成本,进而在建筑项目管理中发挥重要作用,具体包括:

预测工期:劳动定额通过对顺序和操作过程进行细致分析,确定每项工作所需的时间和劳动强度,这有助于施工企业根据不同的工程情况,预测工程的总工期和各个阶段的工期,从而合理安排施工进度,保证工程质量和工期。

估算成本:劳动定额通过计算人力成本,可以协助企业合理控制工程造价,提高预算精度,并在计量支付和结算中确定用工量和工资标准。

　　优化生产:劳动定额还可以帮助企业优化人力资源配置,提高工作效率,降低劳动强度,并为员工提供更好的工作条件和环境,促进工程项目管理的科学化和现代化。

　　需要注意的是,劳动定额的制定应该服从科学化、合理化、实用化等原则,并要结合实际情况进行调整,才能更好地发挥其在建筑项目管理中的作用。

第十二章　材料消耗定额应用

本章要点

1. 材料消耗定额规定。
2. 模板周转次数表及计算公式。
3. 钢筋直径、保护层变化。

一、材料消耗定额规定

在中华人民共和国住房和城乡建设部《建设工程施工机械台班费用编制规则》(建标〔2015〕34号)文中指出:为贯彻落实《住房城乡建设部关于进一步推进工程造价管理改革的指导意见》(建标〔2014〕142号),组织修订了《房屋建筑与装饰工程消耗量定额》(TY 01-31—2015)(见图12-1)、《通用安装工程消耗量定额》(TY 02-31—2015)、《市政工程消耗量定额》(ZYA1-31—2015)、《建设工程施工机械台班费用编制规则》及《建设工程施工仪器仪表台班费用编制规则》,自2015年9月1日起施行。

图12-1　消耗量定额

1995年发布的《全国统一建筑工程基础定额》,2002年发布的《全国统一建筑装饰工程消耗量定额》,2000年发布的《全国统一安装工程预算定额》,1999年发布的《全国统一市政工程预算定额》,2001 年发布的《全国统一施工机械台班费用编制规则》,1999 年发布的《全国统一安装工程施工仪器仪表台班费用定额》同时废止。

二、模板周转次数

依据《房屋建筑与装饰工程消耗量定额》(TY 01-31—2015)中附模板周转次数表,结合住房和城乡建设部建标〔2003〕206 号文中规定钢筋混凝土模板及支架的计算如下(见表 12-1、表 12-2):

(1)模板及支架费＝模板摊销量×模板价格+支、拆、运输费。

摊销量 = 一次使用量 × (1 + 施工损耗率) × [1 + (周转次数 - 1) × 补损率 ／ 周转次数 - (1 - 补损率) × 50%/周转次数]

(2)租赁费＝模板使用量×使用日期×租赁价格+支、拆、运输费。

表 12-1　现浇构件模板一次使用量　　　单位:100 m² 模板接触面积

编号	项目	模板种类	支撑种类	混凝土体积/m³	一次使用量							周转次数/次	周转补损率/%
					组合式钢模/kg	模板木材/m³	复合模板/m²	复合模板木龙骨/m³	钢支撑/kg	零星卡具/kg	木支撑/m³		
1	混凝土基础垫层	复模	木	127.24			100	5.004				5	15
2	毛石混凝土	钢模	钢	64.52	3 137.52	0.689			2 260.6	445.08	1.874	50	
3	毛石混凝土	钢模	木	64.52	3 137.52	0.689				445.08	5.372	50	
4	毛石混凝土	复模	钢	64.52			100	1.44	2 268.6		1.874	5	15
5	毛石混凝土	复模	木	64.52			100	1.44			5.378	5	15
6	无筋混凝土	钢模	钢	45.87	3 146	0.69			2 250	582	1.858	50	
7	无筋混凝土	钢模	木	45.87	3 146	0.69				432.06	5.318	50	
8	无筋混凝土	复模	钢	45.87			100	1.44	2 250		1.858	5	15
9	无筋混凝土	复模	木	45.87			100	1.44			5.318	5	15
10	带形基础 钢筋混凝土 有肋式	钢模	钢	31.05	3 655	0.065			5 766	725.2	3.061	50	
11	带形基础 钢筋混凝土 有肋式	钢模	木	31.05	3 655	0.065				443.4	7.64	50	
12	带形基础 钢筋混凝土 有肋式	复模	钢	31.05			100	1.44	5 766		3.061	5	15
13	带形基础 钢筋混凝土 有肋式	复模	木	31.05			100	1.44			7.64	5	15
14	带形基础 钢筋混凝土 板式	钢模	木	168.27	3 500	1.3				224	1.862	50	
15	带形基础 钢筋混凝土 板式	复模	木	168.27			100	1.433			1.862	5	15

续表 12-1

编号	项目	模板种类	支撑种类	混凝土体积/m³	一次使用量							周转次数/次	周转补损率/%
					组合式钢模/kg	模板木材/m³	复合模板/m²	复合模板木龙骨/m³	钢支撑/kg	零星卡具/kg	木支撑/m³		
16	独立基础 毛石混凝土	钢模	木	24.87	3 308.5	0.445				473.8	5.016	50	
17		复模		24.87			100	1.76			5.016	5	15
18	混凝土	钢模	木	33.72	3 446	0.45				507.6	5.37	50	
19		复模		33.72			100	1.76			5.37	5	15
20	杯形基础	钢模	钢	34.84	3 129	0.885			3 538.4	657	0.292	50	
21		钢模	木	34.84	3 129	0.885				361.8	6.486	50	
22		复模	钢	34.84			100	1.6	3 530.4		0.292	5	15
23		复模	木	34.84			100	1.6			6.486	5	15
24	满堂基础 无梁式	钢模	木	222.22	3 180.5	0.73				195.6	1.453	50	
25		复模		222.22			100	1.426			1.453	5	15
26	有梁式	钢模	钢	119.05	3 383	0.085			2 108.28	627	0.385	50	
27		钢模	木	119.05	3 383	0.13				521	3.834	50	
28		复模	钢	119.05			100	1.426	2 108.28		0.385	5	15
29		复模	木	119.05			100	1.426			3.834	5	15

续表 12-1

编号	项目		模板种类	支撑种类	混凝土体积/m³	一次使用量							周转次数/次	周转补损率/%
						组合式钢模/kg	模板木材/m³	复合模板/m²	复合模板木龙骨/m³	钢支撑/kg	零星卡具/kg	木支撑/m³		
30	设备基础	5 m³以内	钢模	钢	39.68	3 392.5	0.57			3 324	842	1.035	50	
31			钢模	木	39.68	3 392.5	0.57				692	4.975	50	
32			复模	钢	39.68			100	1.76	3 324		1.035	5	15
33			复模	木	39.68			100	1.76			4.975	5	15
34		20 m³以内	钢模	钢	74.63	3 368	0.425			3 667	639.8	2.05	50	
35			钢模	木	74.63	3 368	0.425				540.6	3.29	50	
36			复模	钢	74.63			100	1.76	3 667		2.05	5	15
37			复模	木	74.63			100	1.76			3.29	5	15
38		100 m³以内	钢模	钢	111.11	3 276	0.4			4 202.4	786	0.195	50	
39			钢模	木	111.11	3 276	0.4				616.2	5.235	50	
40			复模	钢	111.11			100	1.76	4 202.4		0.195	5	15
41			复模	木	111.11			100	1.76			5.235	5	15
42		100 m³以外	钢模	钢	224	3 290.5	0.25			2 811.6	784.2	0.295	50	
43			钢模	木	224	3 290.5	0.25				640.4	5.335	50	
44			复模	钢	224			100	1.76	2 811.6		0.295	5	15
45			复模	木	224			100	1.76			5.335	5	15
46	矩形柱		钢模	钢	10.35	3 866	0.305			5 458.8	1 308.6	1.73	50	
47			复模	钢	10.35			100	2.676	5 458.8		1.73	5	15
48	构造柱		钢模	钢	10.01	3 866	0.305			5 458.8	1 308.6	1.73	50	
49			复模	钢	10.01			100	2.676	5 458.8		1.73	5	15
50	异形柱		钢模	钢	9.98	3 819	0.395			7 072.8	547.8		50	
51			复模	钢	9.98			100	3.324	7 072.8			3	15

续表 12-1

编号	项目	模板种类	支撑种类	混凝土体积/m³	一次使用量							周转次数/次	周转补损率/%
					组合式钢模/kg	模板木材/m³	复合模板/m²	复合模板木龙骨/m³	钢支撑/kg	零星卡具/kg	木支撑/m³		
52	圆形柱	复模	钢	13.33			100	3.324	7 072.8			3	15
53	基础梁	钢模	钢	38.76	3 795.5	0.205			849	624	2.768	50	
54		钢模	木	38.76	3 795.5	0.205				624	5.503	50	
55		复模	钢	38.76			100	3.098	849		2.768	5	15
56		复模	木	38.76			100	3.098			5.503	5	15
57	矩形梁	钢模	钢	10.96	3 828.5	0.08			9 535.7	806	0.29	50	
58		复模	钢	10.96			100	3.098	9 535.7		0.29	5	15
59	异形梁	木模	钢	11.17		6.306			9 535.7		7.603	5	15
60	圈梁	钢模	钢	12.19	3 787	0.065			9 535.7	806	1.04	50	
61		复模	钢	12.19			100	4.305	9 535.7		1.04	5	15
62	弧形圈梁	木模	钢	12.19		6.538			9 535.7		1.246	3	15
63	过梁	钢模	钢	7.38	3 653.5	0.92			9 535.7	806	1.04	50	
64		复模	钢	7.38			100	4.16	9 535.7		1.04	5	15
65	拱梁	木模	钢	12.87		6.5			9 535.7		0.29	5	15
66	弧形梁	木模	钢	11.22		9.685			9 535.7		0.29	5	15

续表 12-1

编号	项目	模板种类	支撑种类	混凝土体积/m³	一次使用量							周转次数/次	周转补损率/%
					组合式钢模/kg	模板木材/m³	复合模板/m²	复合模板木龙骨/m³	钢支撑/kg	零星卡具/kg	木支撑/m³		
67	斜梁	木模	钢	10.96			100	3.098	9 535.7		0.29	5	15
68	直形墙	钢模	钢	10.53	3 556	0.14			2 920.8	863.4	0.155	50	
69		复模		10.53			100	4.378	2 920.8		0.155	5	15
70	弧形墙	钢模	钢	11.13	3 556	0.14			2 920.8	863.4	0.155	50	
71		木模		11.13		5.357			2 920.8		0.155	5	15
72	短肢剪力墙	复模	钢	10.53			100	4.378	2 920.8		0.155	5	15
73	挡土墙	复模	钢	21.54			100	4.378	2 920.8		0.155	4	15
74	电梯井壁	钢模	钢	7.54	3 255.5	0.705			2 356.8	764.6		50	
75		复模		7.54			100	4.378	2 356.8			5	15
76	大钢模板墙	大钢模	钢	10.53	11 481.11	0.113			308.4	90.69	0.104	120	
77	有梁板	钢模	钢	12.66	3 567	0.283			7 163.9	691.2	1.392	50	
78		复模		12.66			100	3.127	7 163.9		1.392	5	15

续表 12-1

编号	项目	模板种类	支撑种类	混凝土体积/m³	一次使用量							周转次数/次	周转补损率/%
					组合式钢模/kg	模板木材/m³	复合模板/m²	复合模板木龙骨/m³	钢支撑/kg	零星卡具/kg	木支撑/m³		
79	无梁板	钢模	钢	23.36	2 807.5	0.822			4 128	511.6	2.135	50	
80		复模		23.36			100	3.127	4 128		2.135	5	15
81	平板	钢模	钢	12.66	3 380	0.217			5 704.8	542.4	1.448	50	
82		复模		12.66			100	3.127	5 704.8		1.448	5	15
83	斜板、坡屋面板	钢模	钢	12.66	3 567	0.283			7 163.9	691.2	1.392	50	
84		复模		12.66			100	3.127	7 163.9		1.392	3	15
85	拱板	复模	钢	12.19			100	4.298	7 163.9		1.392	3	15
86	薄壳板	复模	钢	5.53			100	5.338	7 163.9		1.392	2	15
87	预应力空心板	钢模	钢	8.86	3 380	0.217			5 704.8	542.4	1.448	50	
88		复模		8.86			100	3.127	5 704.8		1.448	5	15
89	复合空心板	钢模	钢	8.86	3 380	0.217			5 704.8	542.4	1.448	50	
90		复模		8.86			100	3.127	5 704.8		1.448	5	15
91	栏板	复模	钢	5.14			100	4.64				4	15

续表 12-1

编号	项目	模板种类	支撑种类	混凝土体积/m³	一次使用量							周转次数/次	周转补损率/%
					组合式钢模/kg	模板木材/m³	复合模板/m²	复合模板木龙骨/m³	钢支撑/kg	零星卡具/kg	木支撑/m³		
92	挂板	复模	钢	5.66			100	4.64				3	15
93	雨篷板（100 m²投影面积）	复模	钢	1.47			167.2	3.752				4	15
94	圆弧雨篷板（100 m²投影面积）	复模	钢	1.55			173.4	3.752				3	15
95	悬挑板（100 m²投影面积）	复模	钢	1.05			120	3.752				4	15
96	圆弧悬挑板（100 m²投影面积）	复模	钢	1.07			120	3.752				3	15
97	阳台板（100 m²投影面积）	复模	钢	1.55			173.4	3.752				4	15
98	圆弧阳台板（100 m²投影面积）	复模	钢	1.55			173.4	3.752				3	15
99	天沟、挑檐	复模	钢	5.3			100	3.127				3	15
100	直形楼梯（100 m²投影面积）	复模	钢	2.688			195	6.553				4	15

续表 12-1

编号	项目	模板种类	支撑种类	混凝土体积/m³	一次使用量							周转次数/次	周转补损率/%
					组合式钢模/kg	模板木材/m³	复合模板/m²	复合模板木龙骨/m³	钢支撑/kg	零星卡具/kg	木支撑/m³		
101	圆弧形楼梯（100 m²投影面积）	复模	钢	1.85			195	6.553				3	15
102	螺旋楼梯（100 m²投影面积）	复模	钢	1.85			194	6.487				3	15
103	地沟	复模	木	12.25			100	3.098				5	15
104	小型构件	复模	木	3.26			100	3.127				3	15
105	门框	复模	钢	7.07			100	2.676				3	15
106	台阶（100 m²投影面积）	复模	木	1.64			147.2	5.004				3	15
107	场馆看台板（100 m²投影面积）	复模	木	1.8			163.5	5.004				3	15
108	扶手（100 m）	复模	木	1.34			42	0.735				4	15

表 12-2　预制构件模板一次使用量　　　　单位:100 m² 模板接触面积

| 编号 | 项目 | 支撑种类 | 混凝土体积/m³ | 一次使用量 | | | | | | | | 周转次数/次 | 周转补损率/% |
				组合式钢模/kg	模板木材/m³	复合模板/m²	复合模板木龙骨/m³	定型钢模/kg	零星卡具/kg	木支撑/m³	钢支撑/kg		
109	过梁	木	8.03		1.872							5	10
110	地沟盖板	木	15.11		0.919							5	10
111	隔板	木	14.13		2.553							5	10
112	架空隔热板	木	12.5		1.277							5	10
113	漏空花格	木	0.95		8.766							5	10
114	小型构件	木	4.75		4.255							5	10

三、钢筋直径、保护层变化

(一)直径 6 光圆钢筋

《钢筋混凝土用钢 第 1 部分:热轧光圆钢筋》(GB/T 1499.1—2017)于 2017 年 12 月 29 日发布,于 2018 年 9 月 1 日实施。

《钢筋混凝土用钢 第 1 部分:热扎光圆钢筋》(GB/T 1499.1—2017),《钢筋混凝土用钢 第 1 部分:热扎光圆钢筋》(GB/T 1499.1—2008)后,其主要变化就包含了删除 6.5 mm 规格产品及相关技术要求。规范的钢筋公称横截面面积与理论质量表中,增加了圆 6 的钢筋,取消了 6.5 的钢筋规格。

根据"我的钢铁网"及相关省市信息价发布渠道,国标产品为 HPB3006,其理论质量为 0.222 kg/m。因实际不生产该规格产品,调整至 6.5 的理论质量的时代已于 2018 年 9 月 1 日结束。故自 2018 年 9 月 1 日起,光圆钢筋的理论质量,不再需要调整。

《钢筋混凝土用钢 第 1 部分:热轧光圆钢筋》(GB/T 1499.1—2017)中有关规格的要求如下:

公称直径范围及推荐直径:钢筋的公称直径范围为 6~22 mm,推荐的钢筋公称直径为 6 mm、8 mm、10 mm、12 mm 、16 mm 、20 mm。

钢筋的公称横截面面积与理论质量列于表 12-3 中。

表 12-3　钢筋的公称横截面面积与理论质量

公称直径/mm	公称横截面面积/mm²	理论质量/(kg/m)
6	28.27	0.222
8	50.27	0.395
10	78.54	0.617
12	113.1	0.888
14	1 539	1.21
16	201.1	1.58
18	2 545	2.00
20	3 142	2.47
22	380.1	2.98

注:表中理论质量按密度为 7.85 g/cm³ 计算。

《钢筋混凝土用钢 第 1 部分:热轧光圆钢筋》(GB/T 1499.1—2008)中有关规格的要求:

公称直径范围及推荐直径:钢筋的公称直径范围为 6~22 mm,本部分推荐的钢筋公称直径为 6 mm、8 mm、10 mm 、12 mm 、16 mm 、20 mm。

钢筋的公称横截面面积与理论质量列于表 12-4 中。热轧光圆钢筋理论质量见表 12-5。

表 12-4　钢筋的公称横截面面积与理论质量

公称直径/mm	公称横截面面积/mm²	理论质量/(kg/m)
6(6.5)	28.27(33.18)	0.222(0.260)
8	50.27	0.395
10	78.54	0.617
12	113.1	0.888
14	153.9	1.21
16	201.1	1.58
18	254.5	2.00
20	314.2	2.47
22	380.1	2.98

注:表中理论质量按密度为 7.85 g/cm³ 计算。公称直径 6.5 mm 的产品为过渡性产品。

表 12-5　热轧光圆钢筋理论质量(米重)(GB/T 1499.1—2017)

序号	品名	规格/mm	公称横截面面积/mm²	理论质量/(kg/m)	实际质量与理论质量允许偏差	备注
1	热轧光圆钢筋	φ6	28.27	0.222	±6.00%	
2	热轧光圆钢筋	φ8	50.27	0.395	±6.00%	
3	热轧光圆钢筋	φ10	78.54	0.617	±6.00%	
4	热轧光圆钢筋	φ12	113.1	0.888	±6.00%	
5	热轧光圆钢筋	φ14	153.9	1.210	±5.00%	
6	热轧光圆钢筋	φ16	201.1	1.580	±5.00%	
7	热轧光圆钢筋	φ18	254.5	2.000	±5.00%	
8	热轧光圆钢筋	φ20	314.2	2.470	±5.00%	
9	热轧光圆钢筋	φ22	380.1	2.980	±5.00%	

注：1. 理论质量按密度 7.85 g/cm³ 计算。

2. 理论质量=密度×公称横截面面积。

3. 该表数据基于 GB/T 1499.1—2017 标准制作。

(二)钢筋保护层计算

钢筋保护层厚度是算到主筋的距离还是算至箍筋的距离？结合《混凝土结构施工图平面整体表示方法制图规则和构造详图(现浇混凝土框架、剪力墙、梁、板)》(22G101—1)的第57页指出混凝土保护层厚度指最外层钢筋外边缘至混凝土表面的距离,适用于设计工作年限为50年的混凝土结构。

基础底面钢筋的保护层厚度,有混凝土垫层时应从垫层顶面算起,且不应小于40 mm。

第十三章　机械台班定额应用

本章要点

1. 机械费组成及概念。

2. 工具类设备(2 000 元以内)、停滞费。

3. 大型机械进出场及安拆费。

建设工程施工机械台班费用编制规则如图 13-1 所示。

图 13-1　建设工程施工机械台班费用编制规则

一、机械费组成及概念

(一)机械费用分类

机械费用分为两种情况:自有机械、租赁机械。

施工机具台班费用编制规则,作为确定工程计价依据具台班单价的依据,也可作为确定施工机具租赁台班费的参考。

（二）机械费用内容

机械费用内容包括：土石方及筑路机械、桩工机械、起重机械、水平运输机械、垂直运输机械、混凝土和砂浆机械、加工机械、泵类机械、焊接机械、动力机械、地下工程机械、其他机械及台班综合参考单价。

（三）机械台班

机械每台班按 8 h 工作制计算。

（四）施工机械使用费计算公式

$$施工机械使用费 = \sum（施工机械台班消耗量 \times 机械台班单价）$$

$$机械台班单价 = 台班折旧费 + 台班大修理费 + 台班经常修理费 + 台班安拆费$$
$$及场外运费 + 台班人工费 + 台班燃料动力费 + 台班车船税费$$

注：工程造价管理机构在确定计价定额中的施工机械使用费时，应根据《建筑施工机械台班费用计算规则》结合市场调查编制施工机械台班单价。施工企业可以参考工程造价管理机构发布的台班单价，自主确定施工机械使用费的报价，如租赁施工机械，公式为：

$$施工机械使用费 = \sum（施工机械台班消耗量 \times 机械台班租赁单价）$$

（五）施工机械使用费组成

施工机械使用费以施工机械台班耗用量乘以施工机械台班单价表示，施工机械台班单价应由下列七项费用组成：

（1）折旧费。指施工机械在规定的使用年限内，陆续收回其原值的费用。

（2）大修理费。指施工机械按规定的大修理间隔台班进行必要的大修理，以恢复其正常功能所需的费用。

（3）经常修理费。指施工机械除大修理以外的各级保养和临时故障排除所需的费用。包括为保障机械正常运转所需替换设备与随机配备工具附具的摊销和维护费用，机械运转中日常保养所需润滑与擦拭的材料费用及机械停滞期间的维护和保养费用等。

（4）安拆费及场外运费。安拆费指施工机械（大型机械除外）在现场进行安装与拆卸所需的人工、材料、机械和试运转费用以及机械辅助设施的折旧、搭设、拆除等费用；场外运费指施工机械整体或分体自停放地点运至施工现场或由一施工地点运至另一施工地点的运输、装卸、辅助材料及架线等费用。

（5）人工费。指机上司机（司炉）和其他操作人员的人工费。

（6）燃料动力费。指施工机械在运转作业中所消耗的各种燃料及水、电等。

（7）税费。指施工机械按照国家规定应缴纳的车船使用税、保险费及年检费等。

（六）安拆费及场外运费

安拆费及场外运费根据施工机械不同分为不需计算、计入台班单价和单独计算三种类型。

1. 不需计算

（1）不需安拆的施工机械，不计算一次安拆费。

（2）不需相关机械辅助运输的自行移动机械，不再另外计算场外运费，已包含在机械台班费用中安拆费及场外运输费中。

（3）固定在车间的施工机械,不计算安拆费及场外运费。

2.计入台班单价

安拆简单、移动需要起重及运输机械的轻型施工机械,其安拆费及场外运费计入台班单价。

（1）一次安拆费应包括施工现场机械安装和拆卸一次所需的人工费、材料费、机械费、安全监测部门的检测费及试运转费。

（2）一次场外运费应包括运输、装卸、辅助材料、回程等费用。

（3）年平均安拆次数按施工机械的相关技术指标,结合具体情况综合确定。

（4）运输距离均按平均 30 km 计算。

3.单独计算

（1）安拆复杂、移动需要起重及运输机械的重型施工机械,其安拆费及场外运费单独计算。

（2）利用辅助设施移动的施工机械,其辅助设施(包括轨道与枕木等)的折旧、搭设和拆除等费用可单独计算。

（3）自升式塔式起重机、施工电梯安拆费的超高起点及其增加费,各地区、部门可根据具体情况确定。

二、工具类设备(2 000 元以内)、停滞费

（1）仪器仪表台班适用于价值 2 000 元(含 2 000 元)以上、使用期限超过一年的施工仪器仪表。

（2）凡单位价值在 2 000 元以内、使用年限在一年以内的不构成固定资产的施工机械,不列入机械台班消耗量,作为工具用具在建筑安装工程费中的企业管理费考虑,其消耗的燃料动力等列入材料内。

机械停滞费:是指施工机械停滞期间所发生的固定费用,包括折旧费、养路费及车船使用税。停滞机械的人工费可根据实际情况单独约定(结合各地规定)。

三、大型机械设备进出场及安拆费

大型机械设备进出场及安拆费对应内容见表 13-1。常用机械设备名称及图示见表 13-2。

表 13-1　大型机械设备进出场及安拆费对应内容

工程项目名称	工程内容
大型机械设备安拆	自升式塔式起重机、柴油打桩机、静力压桩机、架桥机、施工电梯、三轴搅拌桩机
大型机械设备进出场	履带式(挖掘机、推土机、起重机)、强夯机械、柴油打桩机、压路机、锚杆钻孔机、沥青混凝土摊铺机、静力压桩机、履带式旋挖钻机、自升式塔式起重机、架桥机、施工电梯、三轴搅拌桩机、履带式抓斗成槽机

表 13-2　常用机械设备名称及图示

机械设备名称	图示
履带式单斗机械挖掘机	
履带式推土机	
履带式起重机	
强夯机械	

续表 13-2

机械设备名称	图示
履带式柴油打桩机	
轮胎式压路机	
锚杆钻孔机	
沥青混凝土摊铺机	

续表 13-2

机械设备名称	图示
静力压桩机	
履带式旋挖钻机	
自升式塔式起重机	

续表 13-2

机械设备名称	图示
架桥机	
施工电梯	
三轴搅拌桩机	

续表 13-2

机械设备名称	图示
履带式抓斗成槽机	

第十四章　工期定额应用

本章要点

1. 工期定额概念。

2. 地区类别的划分。

3. 工期费用产生的影响及在工程中的作用。

一、工期定额概念

工期定额(见图 14-1)是指在正常的施工技术和组织条件下,完成建设项目和各类工程所需的工期标准。

计划工期是指按工期定额计算的施工天数。

工期定额是国有资金投资工程在可行性研究、初步设计、招标阶段确定工期的依据,非国有资金投资工程参照执行。工期定额是签订建筑安装工程施工合同的基础。

定额工期是指自开工之日起,到完成各章、节所包含的全部工程内容并达到国家验收标准之日止的日历天数(包括法定节假日);不包括三通一平、打试验桩、地下障碍物处理、基础施工前的降水和基坑支护时间、竣工文件编制所需的时间。

定额的工期是按照合格产品标准编制的。

中华人民共和国住房和城乡建设部

建筑安装工程工期定额

TY 01-89—2016

中国计划出版社

图 14-1　工期定额

二、地区类别的划分

我国各地气候条件差别较大,各省、市和自治区按其省会气候条件为基准划分为Ⅰ、Ⅱ、Ⅲ类地区,工期天数分别列项。

Ⅰ类地区:上海、江苏、浙江、安徽、福建、江西、湖北、湖南、广东、广西、四川、贵州、云南、重庆、海南。

Ⅱ类地区:北京、天津、河北、山西、山东、河南、陕西、甘肃、宁夏。

Ⅲ类地区:内蒙古、辽宁、吉林、黑龙江、西藏、青海、新疆。

设备安装和机械施工工程执行《建筑安装工程工期定额》(TY 01-89—2016)时不分地区类别。

三、工期费用产生的影响及在工程中的作用

（1）工期压缩时，宜组织专家论证，且相应增加压缩工期增加费。

（2）定额施工工期的调整：

①施工过程中，遇不可抗力、极端天气或政府政策性影响施工进度或暂停施工的，按照实际延误的工期顺延。

②施工过程中发现实际地质情况与地质勘查报告出入较大的，应按照实际地质情况调整工期。

③施工过程中遇到障碍物或古墓、文物、化石、流砂、溶洞、暗河、淤泥、石方、地下水等需要进行特殊处理且影响关键线路时，工期相应顺延。

④合同履行过程中，因非承包人原因发生重大设计变更的，应调整工期。

⑤其他非承包人原因造成的工期延误应予以顺延。

（3）同期施工的群体工程中，一个承包人同时承包 2 个以上（含 2 个）单项（位）工程时，工期的计算：以一个最大工期的单项（位）工程为基数，另加其他单项（位）工程工期总和乘以相应系数计算：加 1 个乘以系数 0.35，加 2 个乘以系数 0.2，加 3 个乘以系数 0.15，加 4 个及以上的单项（位）工程不另增加工期。

加 1 个单项（位）工程：$T = T_1 + T_2 \times 0.35$；

加 2 个单项（位）工程：$T = T_1 + (T_2 + T_3) \times 0.2$；

加 3 个及以上单项（位）工程：$T = T_1 + (T_2 + T_3 + T_4) \times 0.15$。

其中：T 为工程总工期；T_1、T_2、T_3、T_4 为所有单项（位）工程工期最大的前四个，且 $T_1 \geqslant T_2 \geqslant T_3 \geqslant T_4$。

（4）赶工费用。发包人应当依据相关工程的工期定额合理计算工期，压缩的工期天数不得超过定额工期的 20%，超过的，应在招标文件中明示增加赶工费用。赶工费用的主要内容包括：

①人工费的增加，如新增加投入人工的报酬，不经济的使用人工的补贴等。

②材料费的增加，如可能造成不经济使用材料而损耗过大，材料提前交货可能增加的费用、材料运输费的增加等。

③机械费的增加，如可能增加机械设备投入，不经济的使用机械等。

（5）当事人对鉴定项目工期争议的应按以下规定进行鉴定：

合同对工期约定不明或没有约定的，鉴定人应按工程所在地相关专业工程建设主管部门的规定或国家相关工程工期定额进行鉴定。

（6）工期定额是指依据预算、图纸和施工方案，根据规范和经验总结出预估值。它表示施工项目所需要的时间标准。工期定额在工程造价中具有重要的作用，主要体现在以下几个方面：

预测工程周期：在工程项目开展之前，工期定额可以通过计算各项施工活动的时间标准来合理预测整个工程项目完成的时间。这样，建筑企业就可以更准确地评估项目成本，合理安排人力资源和设备投入。

控制工程进度：工期定额可以作为工程进度控制的依据。通过与实际施工进度进行

对比,及时发现进度偏差,并采取措施加以调整,确保工程项目按计划顺利推进。

优化资源配置:工期定额可以帮助企业优化资源配置。通过计算各项施工活动所需的时间和资源,可以更好地安排人力、材料、设备等资源,提高资源利用率,降低成本,提高施工效率。

保证工程质量:工期定额可以作为保证工程质量的重要指标。确定合理的施工周期和进度,避免快进快出、抢工期等行为,从而保证工程的质量和安全。

需要注意的是,在使用工期定额时,要结合实际情况进行科学调整和合理变更,以适应不断变化的施工环境和项目需求。

第十五章　建筑面积应用

本章要点

1.建筑面积的作用。
2.建筑面积在造价中的应用。
3.建筑面积计算的最新规定。

一、建筑面积的作用

建筑面积计算是工程计量的基础工作,在工程建设中具有重要意义。首先,工程建设的技术经济指标中,大多数以建筑面积为基数,建筑面积是核定估算、概算、预算工程造价的一个重要基础数据,是计算和确定工程造价,并分析工程造价和工程设计合理性的一个基础指标。其次,建筑面积是国家进行建设工程数据统计、固定资产宏观调控的重要指标。再次,建筑面积是房地产交易、承发包交易、建筑工程有关运营费用核定等的一个关键指标。建筑面积的作用,具体体现在以下几个方面:

(1)建筑面积是确定建设规模的重要指标。

建筑面积的多少可以用来控制建设规模,如根据项目立项批准文件所核准的建筑面积,来控制施工图设计的规模。建设面积的多少也可以用来衡量一定时期国家或企业工程建设的发展状况和完成生产情况等。

(2)建筑面积是确定各项技术经济指标的基础。

建筑面积是衡量工程造价、人工消耗量、材料消耗量和机械台班消耗量的重要经济指标。比如,有了建筑面积,才能确定每平方米建筑面积的工程造价等指标。计算公式为:

$$单位面积工程造价 = 工程造价/建筑面积$$
$$单位建筑面积的材料消耗指标 = 工程材料耗用量/建筑面积$$
$$单位建筑面积的人工用量 = 工程人工工日耗用量/建筑面积$$

(3)评价设计方案的依据。

建筑设计和建筑规划中,经常使用建筑面积控制某些指标,如容积率、建筑密度、建筑系数等。在评价设计方案时,通常采用居住面积系数、土地利用系数、有效面积系数、单方造价等指标,都与建筑面积密切相关。因此,为了评价设计方案,必须准确计算建筑面积。

(4)计算有关分项工程量的依据和基础。

建筑面积是确定一些分项工程的基本数据。应用统筹计算方法,根据底层建筑面积,就可以很方便地推算出室内回填土体积、地(楼)面面积和天棚面积等。

二、建筑面积在造价中的应用

建筑面积也是计算有关工程的重要依据,如综合脚手架、垂直运输等项目的工程量是以建筑面积为基础计算的工程量。

以《房屋建筑与装饰工程消耗量定额》（TY 01-31—2015）为参考进行罗列，具体在使用中详见具体省份定额相关工程量计算规则。

（1）平整场地，按设计图示尺寸，以建筑物首层建筑面积计算。建筑物地下室结构外边线突出首层结构外边线时，其突出部分的建筑面积与首层建筑面积合并计算。

（2）综合脚手架按设计图示尺寸以建筑面积计算。

（3）建筑物垂直运输机械台班用量，区分不同建筑物结构及檐高按建筑面积计算。

（4）建筑物超高施工增加的人工、机械按建筑物超高部分的建筑面积计算。

（5）地下室施工照明措施增加费按地下室建筑面积计算。

（6）二次搬运费是指因施工场地条件限制而发生的材料、成品、半成品等一次运输不能到达堆放地点，必须进行二次或多次搬运所发生的费用。因此，二次搬运费与现场面积有直接关系。

三、建筑面积计算规则的变化

我国的《建筑面积计算规则》最初是在 20 世纪 70 年代制订的，之后根据需要进行了多次修订。1982 年，国家经委基本建设办公室（82）经基设字 58 号印发了《建筑面积计算规则》，对 20 世纪 70 年代制订的《建筑面积计算规则》进行了修订。1995 年，建设部发布了《全国统一建筑工程预算工程量计算规则》（GJDGZ 101—1995），其中包含建筑面积计算规则的内容，是对 1982 年的《建筑面积计算规则》进行的修订。2005 年，建设部以国家标准的形式发布了《建筑工程建筑面积计算规范》（GB/T 50353—2005）。

住房和城乡建设部于 2013 年 12 月 19 日发布公告，规定《建筑工程建筑面积计算规范》（GB/T 50353—2013）自 2014 年 7 月 1 日起实施。此次修订是在总结《建筑工程建筑面积计算规范》（GB/T 50353—2005）实施情况的基础上进行的。

2022 年 7 月 15 日，住房和城乡建设部批准《民用建筑通用规范》为国家标准，编号为 GB 55031—2022，自 2023 年 3 月 1 日起实施。本规范为强制性工程建设规范，全部条文必须严格执行。现行工程建设标准中有关规定与本规范不一致的，以本规范的规定为准。

原标准无建筑面积的规定，主要规定依据《建筑工程建筑面积计算规范》（GB/T 50353—2013）（简称《面积计算规范》）。按照"现行工程建设标准中有关规定与本规范不一致的，以本规范的规定为准"，则《建筑工程建筑面积计算规范》（GB/T 50353—2013）同样，在本规范约束的范围。

2022 年 10 月 27 日，为统一规范建筑工程建筑面积计算方法，住房和城乡建设部组织对《建筑工程建筑面积计算规范》（GB/T 50353—2013）进行了修订，并按照工程建设标准化改革要求，将名称变更为《建筑工程建筑面积计算标准》，并发布了《建筑工程建筑面积计算标准（征求意见稿）》。

《建筑工程建筑面积计算规范》（GB/T 50353—2013）及条文说明见附件 1。

《民用建筑通用规范》（GB 55031—2022）见附件 2。

《建筑工程建筑面积计算标准（征求意见稿）》（GB/T 50353—202×）见附件 3。

附件1　《建筑工程建筑面积计算规范》(GB/T 50353—2013)

1　总　则

1.0.1　为规范工业与民用建筑工程建设全过程的建筑面积计算,统一计算方法,制定本规范。

1.0.2　本规范适用于新建、扩建、改建的工业与民用建筑工程建设全过程的建筑面积计算。

1.0.3　建筑工程的建筑面积计算,除应符合本规范外,尚应符合国家现行有关标准的规定。

2　术　语

2.0.1　建筑面积 construction area

建筑物(包括墙体)所形成的楼地面面积。

2.0.2　自然层 floor

按楼地面结构分层的楼层。

2.0.3　结构层高 structure story height

楼面或地面结构层上表面至上部结构层上表面之间的垂直距离。

2.0.4　围护结构 building enclosure

围合建筑空间的墙体、门、窗。

2.0.5　建筑空间 space

以建筑界面限定的、供人们生活和活动的场所。

2.0.6　结构净高 structure net height

楼面或地面结构层上表面至上部结构层下表面之间的垂直距离。

2.0.7　围护设施 enclosure facilities

为保障安全而设置的栏杆、栏板等围挡。

2.0.8　地下室 basement

室内地平面低于室外地平面的高度超过室内净高的1/2的房间。

2.0.9　半地下室 semi-basement

室内地平面低于室外地平面的高度超过室内净高的1/3,且不超过1/2的房间。

2.0.10　架空层 stilt floor

仅有结构支撑而无外围护结构的开敞空间层。

2.0.11　走廊 corridor

建筑物中的水平交通空间。

2.0.12　架空走廊 elevated corridor

专门设置在建筑物的二层或二层以上,作为不同建筑物之间水平交通的空间。

2.0.13　结构层 structure layer

整体结构体系中承重的楼板层。

2.0.14　落地橱窗 french window

突出外墙面且根基落地的橱窗。

2.0.15　凸窗(飘窗)bay window

凸出建筑物外墙面的窗户。

2.0.16　檐廊 eaves gallery

建筑物挑檐下的水平交通空间。

2.0.17　挑廊 overhanging corridor

挑出建筑物外墙的水平交通空间。

2.0.18　门斗 air lock

建筑物入口处两道门之间的空间。

2.0.19　雨篷 canopy

建筑出入口上方为遮挡雨水而设置的部件。

2.0.20　门廊 porch

建筑物入口前有顶棚的半围合空间。

2.0.21　楼梯 stairs

由连续行走的梯级、休息平台和维护安全的栏杆(或栏板)、扶手以及相应的支托结构组成的作为楼层之间垂直交通使用的建筑部件。

2.0.22　阳台 balcony

附设于建筑物外墙,设有栏杆或栏板,可供人活动的室外空间。

2.0.23　主体结构 major structure

接受、承担和传递建设工程所有上部荷载,维持上部结构整体性、稳定性和安全性的有机联系的构造。

2.0.24　变形缝 deformation joint

防止建筑物在某些因素作用下引起开裂甚至破坏而预留的构造缝。

2.0.25　骑楼 overhang

建筑底层沿街面后退且留出公共人行空间的建筑物。

2.0.26　过街楼 overhead building

跨越道路上空并与两边建筑相连接的建筑物。

2.0.27　建筑物通道 passage

为穿过建筑物而设置的空间。

2.0.28　露台 terrace

设置在屋面、首层地面或雨篷上的供人室外活动的有围护设施的平台。

2.0.29　勒脚 plinth

在房屋外墙接近地面部位设置的饰面保护构造。

2.0.30　台阶 step

联系室内外地坪或同楼层不同标高而设置的阶梯形踏步。

3　计算建筑面积的规定

3.0.1　建筑物的建筑面积应按自然层外墙结构外围水平面积之和计算。结构层高在 2.20 m 及以上的,应计算全面积;结构层高在 2.20 m 以下的,应计算 1/2 面积。

3.0.2　建筑物内设有局部楼层时,对于局部楼层的二层及以上楼层,有围护结构的应按其围护结构外围水平面积计算,无围护结构的应按其结构底板水平面积计算。结构层高在 2.20 m 及以上的,应计算全面积;结构层高在 2.20 m 以下的,应计算 1/2 面积。

3.0.3　形成建筑空间的坡屋顶,结构净高在 2.10 m 及以上的部位应计算全面积;结构净高在 1.20 m 及以上至 2.10 m 以下的部位应计算 1/2 面积;结构净高在 1.20 m 以下的部位不应计算建筑面积。

3.0.4　场馆看台下的建筑空间,结构净高在 2.10 m 及以上的部位应计算全面积;结构净高在 1.20 m 及以上至 2.10 m 以下的部位应计算 1/2 面积;结构净高在 1.20 m 以下的部位不应计算建筑面积。室内单独设置的有围护设施的悬挑看台,应按看台结构底板水平投影面积计算建筑面积。有顶盖无围护结构的场馆看台应按其顶盖水平投影面积的 1/2 计算面积。

3.0.5　地下室、半地下室应按其结构外围水平面积计算。结构层高在 2.20 m 及以上的,应计算全面积;结构层高在 2.20 m 以下的,应计算 1/2 面积。

3.0.6　出入口外墙外侧坡道有顶盖的部位,应按其外墙结构外围水平面积的 1/2 计算面积。

3.0.7　建筑物架空层及坡地建筑物吊脚架空层,应按其顶板水平投影计算建筑面积。结构层高在 2.20 m 及以上的,应计算全面积;结构层高在 2.20 m 以下的,应计算 1/2 面积。

3.0.8　建筑物的门厅、大厅应按一层计算建筑面积,门厅、大厅内设置的走廊应按走廊结构底板水平投影面积计算建筑面积。结构层高在 2.20 m 及以上的,应计算全面积;结构层高在 2.20 m 以下的,应计算 1/2 面积。

3.0.9　建筑物间的架空走廊,有顶盖和围护结构的,应按其围护结构外围水平面积计算全面积;无围护结构、有围护设施的,应按其结构底板水平投影面积计算 1/2 面积。

3.0.10　立体书库、立体仓库、立体车库,有围护结构的,应按其围护结构外围水平面积计算建筑面积;无围护结构、有围护设施的,应按其结构底板水平投影面积计算建筑面积。无结构层的应按一层计算,有结构层的应按其结构层面积分别计算。结构层高在 2.20 m 及以上的,应计算全面积;结构层高在 2.20 m 以下的,应计算 1/2 面积。

3.0.11　有围护结构的舞台灯光控制室,应按其围护结构外围水平面积计算。结构层高在 2.20 m 及以上的,应计算全面积;结构层高在 2.20 m 以下的,应计算 1/2 面积。

3.0.12　附属在建筑物外墙的落地橱窗,应按其围护结构外围水平面积计算。结构层高在 2.20 m 及以上的,应计算全面积;结构层高在 2.20 m 以下的,应计算 1/2 面积。

3.0.13　窗台与室内楼地面高差在 0.45 m 以下且结构净高在 2.10 m 及以上的凸

(飘)窗,应按其围护结构外围水平面积计算1/2面积。

　　3.0.14　有围护设施的室外走廊(挑廊),应按其结构底板水平投影面积计算1/2面积;有围护设施(或柱)的檐廊,应按其围护设施(或柱)外围水平面积计算1/2面积。

　　3.0.15　门斗应按其围护结构外围水平面积计算建筑面积,结构层高在2.20 m及以上的,应计算全面积;结构层高在2.20 m以下的,应计算1/2面积。

　　3.0.16　门廊应按其顶板水平投影面积的1/2计算建筑面积;有柱雨篷应按其结构板水平投影面积的1/2计算建筑面积;无柱雨篷的结构外边线至外墙结构外边线的宽度在2.10 m及以上的,应按雨篷结构板的水平投影面积的1/2计算建筑面积。

　　3.0.17　设在建筑物顶部的、有围护结构的楼梯间、水箱间、电梯机房等,结构层高在2.20 m及以上的应计算全面积;结构层高在2.20 m以下的,应计算1/2面积。

　　3.0.18　围护结构不垂直于水平面的楼层,应按其底板面的外墙外围水平面积计算。结构净高在2.10 m及以上的部位,应计算全面积;结构净高在1.20 m及以上至2.10 m以下的部位,应计算1/2面积;结构净高在1.20 m以下的部位,不应计算建筑面积。

　　3.0.19　建筑物的室内楼梯、电梯井、提物井、管道井、通风排气竖井、烟道,应并入建筑物的自然层计算建筑面积。有顶盖的采光井应按一层计算建筑面积,结构净高在2.10 m及以上的,应计算全面积,结构净高在2.10 m以下的,应计算1/2面积。

　　3.0.20　室外楼梯应并入所依附建筑物自然层,并应按其水平投影面积的1/2计算建筑面积。

　　3.0.21　在主体结构内的阳台,应按其结构外围水平面积计算全面积;在主体结构外的阳台,应按其结构底板水平投影面积计算1/2面积。

　　3.0.22　有顶盖无围护结构的车棚、货棚、站台、加油站、收费站等,应按其顶盖水平投影面积的1/2计算建筑面积。

　　3.0.23　以幕墙作为围护结构的建筑物,应按幕墙外边线计算建筑面积。

　　3.0.24　建筑物的外墙外保温层,应按其保温材料的水平截面积计算,并入自然层建筑面积。

　　3.0.25　与室内相通的变形缝,应按其自然层合并在建筑物建筑面积内计算。对于高低联跨的建筑物,当高低跨内部连通时,其变形缝应计算在低跨面积内。

　　3.0.26　对于建筑物内的设备层、管道层、避难层等有结构层的楼层,结构层高在2.20 m及以上的,应计算全面积;结构层高在2.20 m以下的,应计算1/2面积。

　　3.0.27　下列项目不应计算建筑面积:

　　1.与建筑物内不相连通的建筑部件;

　　2.骑楼、过街楼底层的开放公共空间和建筑物通道;

　　3.舞台及后台悬挂幕布和布景的天桥、挑台等;

　　4.露台、露天游泳池、花架、屋顶的水箱及装饰性结构构件;

　　5.建筑物内的操作平台、上料平台、安装箱和罐体的平台;

　　6.勒脚、附墙柱、垛、台阶、墙面抹灰、装饰面、镶贴块料面层、装饰性幕墙,主体结构外的空调室外机搁板(箱)、构件、配件,挑出宽度在2.10 m以下的无柱雨篷和顶盖高度达到或超过两个楼层的无柱雨篷;

7. 窗台与室内地面高差在 0.45 m 以下且结构净高在 2.10 m 以上的凸(飘)窗,窗台与室内地面高度差在 0.45 m 及以上的凸(飘)窗;

8. 室外爬梯、室外专用消防钢楼梯;

9. 无围护结构的观光电梯;

10. 建筑物以外的地下人防通道,独立的烟囱、烟道、地沟、油(水)罐、气柜、水塔、贮油(水)池、贮仓、栈桥等构筑物。

《建筑工程建筑面积计算规范(GB/T 50353—2013)条文说明》

1　总　则

1.0.1　我国的《建筑面积计算规则》最初是在 20 世纪 70 年代制订的,之后根据需要进行了多次修订。1982 年国家经委基本建设办公室(82)经基设字 58 号印发了《建筑面积计算规则》,对 20 世纪 70 年代制订的《建筑面积计算规则》进行了修订。1995 年建设部发布了《全国统一建筑工程预算工程量计算规则》(土建工程 GJDGZ-101—95),其中含建筑面积计算规则的内容,是对 1982 年的《建筑面积计算规则》进行的修订。2005 年,建设部以国家标准的形式发布了《建筑工程建筑面积计算规范》(GB/T 50353—2005)。

此次修订是在总结《建筑工程建筑面积计算规范》(GB/T 50353—2005)实施情况的基础上进行的。鉴于建筑发展中出现的新结构、新材料、新技术、新的施工方法,为了解决由于建筑技术的发展产生的面积计算问题,本着不重算、不漏算的原则,对建筑面积的计算范围和计算方法进行了修改、统一和完善。

1.0.2　本条规定了本规范的适用范围。条文中所称"建设全过程"是指从项目建议书、可行性研究报告至竣工验收、交付使用的过程。

2　术　语

2.0.1　建筑面积包括附属于建筑物的室外阳台、雨篷、檐廊、室外走廊、室外楼梯等的面积。

2.0.5　具备可出入、可利用条件(设计中可能标明了使用用途,也可能没有标明使用用途或使用用途不明确)的围合空间,均属于建筑空间。

2.0.13　特指整体结构体系中承重的楼层,包括板、梁等构件。结构层承受整个楼层的全部荷载,并对楼层的隔声、防火等起主要作用。

2.0.14　落地橱窗是指在商业建筑临街面设置的下槛落地、可落在室外地坪也可落在室内首层地板,用来展览各种样品的玻璃窗。

2.0.15　凸窗(飘窗)既作为窗,就有别于楼(地)板的延伸,也就是不能把楼(地)板延伸出去的窗称为凸窗(飘窗)。凸窗(飘窗)的窗台应只是墙面的一部分且距(楼)地面应有一定的高度。

2.0.16　檐廊是附属于建筑物底层外墙有屋檐作为顶盖,其下部一般有柱或栏杆、栏板等的水平交通空间。

2.0.19　雨篷是指建筑物出入口上方、凸出墙面、为遮挡雨水而单独设立的建筑部件。雨篷划分为有柱雨篷(包括独立柱雨篷、多柱雨篷、柱墙混合支撑雨篷、墙支撑雨篷)和无柱雨篷(悬挑雨篷)。如凸出建筑物,且不单独设立顶盖,利用上层结构板(如楼板、阳台底板)进行遮挡,则不视为雨篷,不计算建筑面积。对于无柱雨篷,如顶盖高度达到或超过两个楼层时,也不视为雨篷,不计算建筑面积。

2.0.20　门廊是在建筑物出入口,无门、三面或二面有墙,上部有板(或借用上部楼板)围护的部位。

2.0.24　变形缝是指在建筑物因温差、不均匀沉降以及地震而可能引起结构破坏变形的敏感部位或其他必要的部位,预先设缝将建筑物断开,令断开后建筑物的各部分成为独立的单元,或者是划分为简单、规则的段,并令各段之间的缝达到一定的宽度,以能够适应变形的需要。根据外界破坏因素的不同,变形缝一般分为伸缩缝、沉降缝、抗震缝三种。

2.0.25　骑楼是指沿街二层以上用承重柱支撑骑跨在公共人行空间之上,其底层沿街面后退的建筑物。

2.0.26　过街楼是指当有道路在建筑群穿过时为保证建筑物之间的功能联系,设置跨越道路上空使两边建筑相连接的建筑物。

2.0.28　露台应满足四个条件:一是位置,设置在屋面、地面或雨篷顶;二是可出入;三是有围护设施;四是无盖。这四个条件须同时满足。如果设置在首层并有围护设施的平台,且其上层为同体量阳台,则该平台应视为阳台,按阳台的规则计算建筑面积。

2.0.30　台阶是指建筑物出入口不同标高地面或同楼层不同标高处设置的供人行走的阶梯式连接构件。室外台阶还包括与建筑物出入口连接处的平台。

3　计算建筑面积的规定

3.0.1　建筑面积计算,在主体结构内形成的建筑空间,满足计算面积结构层高要求的均应按本条规定计算建筑面积。主体结构外的室外阳台、雨篷、檐廊、室外走廊、室外楼梯等按相应条款计算建筑面积。当外墙结构本身在一个层高范围内不等厚时,以楼地面结构标高处的外围水平面积计算。

3.0.2　建筑物内的局部楼层见图1。

3.0.4　场馆看台下的建筑空间因其上部结构多为斜板,所以采用净高的尺寸划定建筑面积的计算范围和对应规则。室内单独设置的有围护设施的悬挑看台,因其看台上部设有顶盖且可供人使用,所以按看台板的结构底板水平投影计算建筑面积。"有顶盖无围护结构的场馆看台"中所称的"场馆"为专业术语,指各种"场"类建筑,如体育场、足球场、网球场、带看台的风雨操场等。

3.0.5　地下室作为设备、管道层按本规范第3.0.26条执行;地下室的各种竖向井道按本规范第3.0.19条执行;地下室的围护结构不垂直于水平面的按本规范第3.0.18条

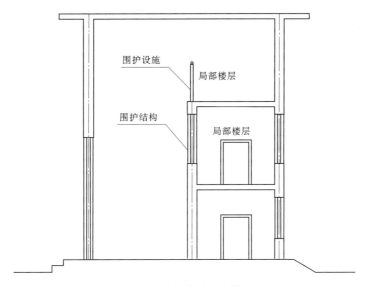

图 1 建筑物内的局部楼层

规定执行。

3.0.6 出入口坡道分有顶盖出入口坡道和无顶盖出入口坡道,出入口坡道顶盖的挑出长度,为顶盖结构外边线至外墙结构外边线的长度;顶盖以设计图纸为准,对后增加及建设单位自行增加的顶盖等,不计算建筑面积。顶盖不分材料种类(如钢筋混凝土顶盖、彩钢板顶盖、阳光板顶盖等)。地下室出入口见图2。

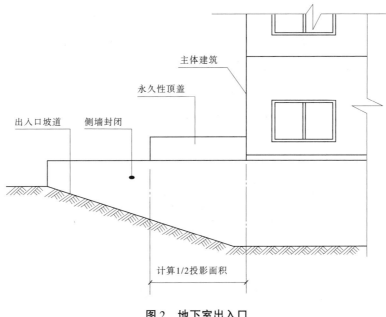

图 2 地下室出入口

3.0.7 本条既适用于建筑物吊脚架空层、深基础架空层建筑面积的计算,也适用于目前部分住宅、学校教学楼等工程在底层架空或在二楼或以上某个甚至多个楼层架空,作为公共活动、停车、绿化等空间的建筑面积的计算。架空层中有围护结构的建筑空间按相关规定计算。建筑物吊脚架空层见图 3。

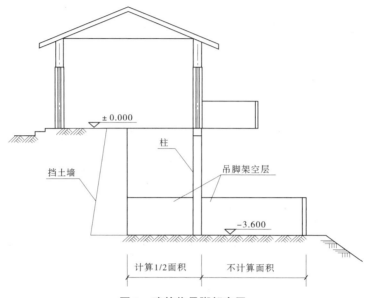

图 3　建筑物吊脚架空层

3.0.9　无围护结构的架空走廊见图 4,有围护结构的架空走廊见图 5。

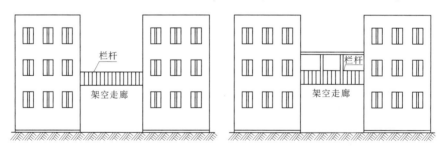

图 4　无围护结构的架空走廊

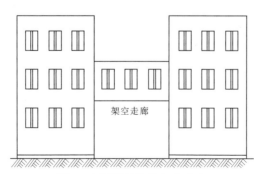

图 5　有围护结构的架空走廊

3.0.10　本条主要规定了图书馆中的立体书库、仓储中心的立体仓库、大型停车场的立体车库等建筑的建筑面积计算规则。起局部分隔、存储等作用的书架层、货架层或可升降的立体钢结构停车层均不属于结构层,故该部分分层不计算建筑面积。

3.0.14　檐廊见图6。

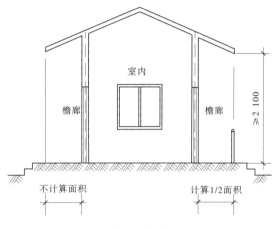

图6　檐廊

3.0.15　门斗见图7。

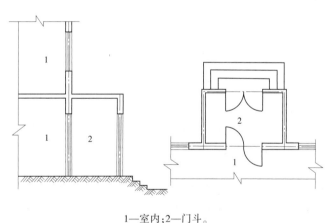

1—室内;2—门斗。

图7　门斗

3.0.16　雨篷分为有柱雨篷和无柱雨篷。有柱雨篷,没有出挑宽度的限制,也不受跨越层数的限制,均可计算建筑面积。无柱雨篷,其结构板不能跨层,并受出挑宽度的限制,设计出挑宽度大于或等于2.10 m时才能计算建筑面积。出挑宽度,是指雨篷结构外边线至外墙结构外边线的宽度,弧形或异形时,取最大宽度。

3.0.18　本规范的2005版条文中仅对围护结构向外倾斜的情况进行了规定,本次修订后的条文对于向内、向外倾斜均适用。在划分高度上,本条使用的是结构净高,与其他正常平楼层按层高划分不同,但与斜屋面的划分原则一致。由于目前很多建筑设计追求新、奇、特,造型越来越复杂,很多时候我们根本无法明确区分什么是围护结构、什么是屋顶,因此对于斜围护结构与斜屋顶采用相同的计算规则,即只要外壳倾斜,就按结构净高划段,分别计算建筑面积。斜围护结构见图8。

3.0.19 建筑物的楼梯间层数按建筑物的层数计算;有顶盖的采光井包括建筑物中的采光井和地下室采光井。地下室采光井见图9。

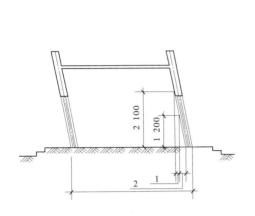

1—计算1/2建筑面积部位;2—不计算建筑面积部位。

图8　斜围护结构

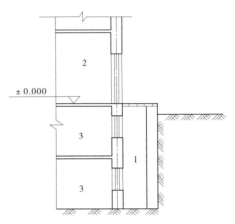

1—采光井;2—室内;3—地下室。

图9　地下室采光井

3.0.20 室外楼梯作为连接该建筑物层与层之间交通不可缺少的基本部件,无论从其功能还是工程计价的要求来说,均需计算建筑面积。层数应为室外楼梯所依附的层数,即梯段部分投影到建筑物范围的层数。利用室外楼梯下部的建筑空间不得重复计算建筑面积;利用地势砌筑的为室外踏步,不计算建筑面积。

3.0.21 建筑物的阳台,不论其形式如何,均以建筑物主体结构为界分别计算建筑面积。

3.0.23 幕墙以其在建筑物中所起的作用和功能来区分。直接作为外墙起围护作用的幕墙,按其外边线计算建筑面积;设置在建筑物墙体外起装饰作用的幕墙,不计算建筑面积。

3.0.24 为贯彻国家节能要求,鼓励建筑外墙采取保温措施,本规范将保温材料的厚度计入建筑面积。但计算方法较2005年规范有一定变化。建筑物外墙外侧有保温隔热层的,保温隔热层以保温材料的净厚度乘以外墙外边线长度按建筑物的自然层计算建筑面积,其外墙外边线长度不应扣除门窗和建筑物外已计算建筑面积构件(如阳台、室外走廊、门斗、落地橱窗等部件)所占长度。当建筑物外已计算建筑面积的构件(如阳台、室外走廊、门斗、落地橱窗等部件)有保温隔热层时,其保温隔热层也不再计算建筑面积。外墙是斜面者,按楼面楼板处的外墙外边线长度乘以保温材料的净厚度计算。外墙外保温以沿高度方向满铺为准,某层外墙外保温铺设高度未达到全部高度时(不包括阳台、室外走廊、门斗、落地橱窗、雨篷、飘窗等),不计算建筑面积。保温隔热层的建筑面积是以保温隔热材料的厚度来计算的,不包含抹灰层、防潮层、保护层(墙)的厚度。建筑外墙外保温见图10。

3.0.25 本规范所指的与室内相通的变形缝,是指暴露在建筑物内,在建筑物内可以看得见的变形缝。

3.0.26 设备层、管道层虽然其具体功能与普通楼层不同,但在结构上及施工消耗上并无本质区别,且本规范定义自然层为"按楼地面结构分层的楼层",因此设备、管道楼层归为自然层,其计算规则与普通楼层相同。在吊顶空间内设置管道的,则吊顶空间部分不能被视为设备层、管道层。

3.0.27 本条规定了不计算建筑面积的项目:

1. 本款指的是依附于建筑物外墙外不与户室开门连通,起装饰作用的敞开式挑台(廊)、平台,以及不与阳台相通的空调室外机搁板(箱)等设备平台部件;

2. 骑楼见图11,过街楼见图12;

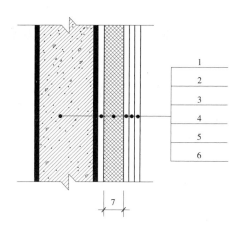

1—墙体;2—黏结胶浆;3—保温材料;4—标准网;
5—加强网;6—抹面胶浆;7—计算建筑面积部位。

图10 建筑外墙外保温

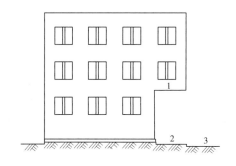

1—骑楼;2—人行道;3—街道。

图11 骑楼

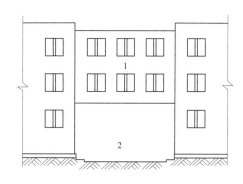

1—过街楼;2—建筑物通道。

图12 过街楼

3. 本款指的是影剧院的舞台及为舞台服务的可供上人维修、悬挂幕布、布置灯光及布景等搭设的天桥和挑台等构件设施;

5. 建筑物内不构成结构层的操作平台、上料平台(工业厂房、搅拌站和料仓等建筑中的设备操作控制平台、上料平台等),其主要作用为室内构筑物或设备服务的独立上人设施,因此不计算建筑面积;

6. 附墙柱是指非结构性装饰柱;

7. 室外钢楼梯需要区分具体用途,如专用于消防的楼梯,则不计算建筑面积,如果是建筑物唯一通道,兼用于消防,则需要按本规范第3.0.20条计算建筑面积。

附件 2 《民用建筑通用规范》(GB 55031—2022)

前　言

　　为适应国际技术法规与技术标准通行规则,2016 年以来,住房和城乡建设部陆续印发《深化工程建设标准化工作改革的意见》等文件,提出政府制定强制性标准、社会团体制定自愿采用性标准的长远目标,明确了逐步用全文强制性工程建设规范取代现行标准中分散的强制性条文的改革任务,逐步形成由法律、行政法规、部门规章中的技术性规定与全文强制性工程建设规范构成的"技术法规"体系。

　　关于规范种类。强制性工程建设规范体系覆盖工程建设领域各类建设工程项目,分为工程项目类规范(简称项目规范)和通用技术类规范(简称通用规范)两种类型。项目规范以工程建设项目整体为对象,以项目的规模、布局、功能、性能和关键技术措施等五大要素为主要内容。通用规范以实现工程建设项目功能性能要求的各专业通用技术为对象,以勘察、设计、施工、维修、养护等通用技术要求为主要内容。在全文强制性工程建设规范体系中,项目规范为主干,通用规范是对各类项目共性的、通用的专业性关键技术措施的规定。

　　关于五大要素指标。强制性工程建设规范中各项要素是保障城乡基础设施建设体系化和效率提升的基本规定,是支撑城乡建设高质量发展的基本要求。项目的规模要求主要规定了建设工程项目应具备完整的生产或服务能力,应与经济社会发展水平相适应。项目的布局要求主要规定了产业布局、建设工程项目选址、总体设计、总平面布置以及与规模相协调的统筹性技术要求,应考虑供给能力合理分布,提高相关设施建设的整体水平。项目的功能要求主要规定项目构成和用途,明确项目的基本组成单元,是项目发挥预期作用的保障。项目的性能要求主要规定建设工程项目建设水平或技术水平的高低程度,体现建设工程项目的适用性,明确项目质量、安全、节能、环保、宜居环境和可持续发展等方面应达到的基本水平。关键技术措施是实现建设项目功能、性能要求的基本技术规定,是落实城乡建设安全、绿色、韧性、智慧、宜居、公平、有效率等发展目标的基本保障。

　　关于规范实施。强制性工程建设规范具有强制约束力,是保障人民生命财产安全、人身健康、工程安全、生态环境安全、公众权益和公众利益,以及促进能源资源节约利用、满足经济社会管理等方面的控制性底线要求,工程建设项目的勘察、设计、施工、验收、维修、养护、拆除等建设活动全过程中必须严格执行。其中,对于既有建筑改造项目(指不改变现有使用功能),当条件不具备、执行现行规范确有困难时,应不低于原建造时的标准。与强制性工程建设规范配套的推荐性工程建设标准是经过实践检验的、保障达到强制性规范要求的成熟技术措施,一般情况下也应当执行。在满足强制性工程建设规范规定的项目功能、性能要求和关键技术措施的前提下,可合理选用相关团体标准、企业标准,使项目功能、性能更加优化或达到更高水平。推荐性工程建设标准、团体标准、企业标准要与强制性工程建设规范协调配套,各项技术要求不得低于强制性工程建设规范的相关技术水平。

　　强制性工程建设规范实施后,现行相关工程建设国家标准、行业标准中的强制性条文同时废止。现行工程建设地方标准中的强制性条文应及时修订,且不得低于强制性工程建设规范的规定。现行工程建设标准(包括强制性标准和推荐性标准)中有关规定与强制性工程建设规范的规定不一致的,以强制性工程建设规范的规定为准。

1　总　则

　　1.0.1　为规范民用建筑空间与部位的基本尺度、技术性要求及通用技术措施,制定本规范。

　　1.0.2　民用建筑必须执行本规范。

　　1.0.3　民用建筑的建设和使用维护应遵循下列基本原则:

　　1　应按照可持续发展的原则,正确处理人、建筑与环境的相互关系,营建与使用功能匹配的合理空间;

　　2　应贯彻节能、节地、节水、节材、保护环境的政策要求;

　　3　应与所处环境协调,体现时代特色、地域文化。

　　1.0.4　工程建设所采用的技术方法和措施是否符合本规范要求,由相关责任主体判定。其中,创新性的技术方法和措施,应进行论证并符合本规范中有关性能的要求。

2　基本规定

2.1　功能要求

　　2.1.1　民用建筑建设应遵循安全、卫生、健康、舒适的原则,为人们的生活、工作、交流等社会活动提供合理的使用空间,使用空间应满足人体工学的基本尺度要求。

　　2.1.2　民用建筑选址应满足安全要求。

　　2.1.3　居住建筑应保障居住者生活安全及私密性,并应满足采光、通风和隔声等方面的要求。

　　2.1.4　教育、办公科研、商业服务、公众活动、交通、医疗及社会民生服务等公共建筑除应满足各类活动所需空间及使用需求外,还应满足交通、人员集散的要求。

　　2.1.5　当民用建筑存在不同功能场所组合的情况时,除应满足上述条款的要求外,尚应符合下列规定:

　　1　各功能场所不应降低其他功能场所的基本安全、卫生标准;

　　2　当产生污染、辐射的功能场所与其他功能场所组合时,应采取必要的安全防护措施;

　　3　当不同安全等级的功能场所组合时,应采取确保各功能场所使用安全的相应措施。

　　2.1.6　民用建筑应配置满足基本使用功能需要的设备设施。

　　2.1.7　民用建筑应设置相应的安全及导向标识系统。

2.2 性能与措施

2.2.1 民用建筑应综合采取防火、抗震、防洪、防空、抗风雪及防雷击等防灾安全措施。

2.2.2 民用建筑的结构应满足相应的设计工作年限要求。

2.2.3 民用建筑应满足无障碍要求,且具有无障碍性能的设施设置应系统连贯。

2.2.4 室内外装修不应影响建筑物结构的安全性,且应选择安全环保型装修材料。装修材料、装饰面层或构配件与主体结构的连接应安全牢固。建筑物外墙装饰面层、构件、门窗等材料及构造应安全可靠,在设计工作年限内应满足功能和性能要求,使用期间应定期维护,防止坠落。

2.2.5 装配式建筑应采用集成化、模块化、标准化及通用化的预制部品、部件。

2.2.6 民用建筑的室外公共场地、建筑空间、建筑部件及公共设备设施应定期进行日常保养、维修和监管。

3 建筑面积与高度

3.1 建筑面积

3.1.1 建筑面积应按建筑每个自然层楼(地)面处外围护结构外表面所围空间的水平投影面积计算。

3.1.2 总建筑面积应按地上和地下建筑面积之和计算,地上和地下建筑面积应分别计算。

3.1.3 室外设计地坪以上的建筑空间,其建筑面积应计入地上建筑面积;室外设计地坪以下的建筑空间,其建筑面积应计入地下建筑面积。

3.1.4 永久性结构的建筑空间,有永久性顶盖、结构层高或斜面结构板顶高在 2.20 m 及以上的,应按下列规定计算建筑面积:

1 有围护结构、封闭围合的建筑空间,应按其外围护结构外表面所围空间的水平投影面积计算;

2 无围护结构、以柱围合,或部分围护结构与柱共同围合,不封闭的建筑空间,应按其柱或外围护结构外表面所围空间的水平投影面积计算;

3 无围护结构、单排柱或独立柱、不封闭的建筑空间,应按其顶盖水平投影面积的 1/2 计算;

4 无围护结构、有围护设施、无柱、附属在建筑外围护结构、不封闭的建筑空间,应按其围护设施外表面所围空间水平投影面积的 1/2 计算。

3.1.5 阳台建筑面积应按围护设施外表面所围空间水平投影面积的 1/2 计算;当阳台封闭时,应按其外围护结构外表面所围空间的水平投影面积计算。

3.1.6 下列空间与部位不应计算建筑面积:

1 结构层高或斜面结构板顶高度小于 2.20 m 的建筑空间;

2 无顶盖的建筑空间;

3 附属在建筑外围护结构上的构(配)件;

4　建筑出挑部分的下部空间；

5　建筑物中用作城市街巷通行的公共交通空间；

6　独立于建筑物之外的各类构筑物。

3.1.7　功能空间使用面积应按功能空间墙体内表面所围合空间的水平投影面积计算。

3.1.8　功能单元使用面积应按功能单元内各功能空间使用面积之和计算。

3.1.9　功能单元建筑面积应按功能单元使用面积、功能单元墙体水平投影面积、功能单元内阳台面积之和计算。

3.2　建筑高度

3.2.1　平屋顶建筑高度应按室外设计地坪至建筑物女儿墙顶点的高度计算，无女儿墙的建筑应按至其屋面檐口顶点的高度计算。

3.2.2　坡屋顶建筑应分别计算檐口及屋脊高度，檐口高度应按室外设计地坪至屋面檐口或坡屋面最低点的高度计算，屋脊高度应按室外设计地坪至屋脊的高度计算。

3.2.3　当同一座建筑有多种屋面形式，或多个室外设计地坪时，建筑高度应分别计算后取其中最大值。

3.2.4　机场、广播电视、电信、微波通信、气象台、卫星地面站、军事要塞等设施的技术作业控制区内及机场航线控制范围内的建筑，建筑高度应按建筑物室外设计地坪至建(构)筑物最高点计算。

3.2.5　历史建筑，历史文化名城名镇名村、历史文化街区、文物保护单位、风景名胜区、自然保护区的保护规划区内的建筑，建筑高度应按建筑物室外设计地坪至建(构)筑物最高点计算。

3.2.6　本规范第3.2.4条、第3.2.5条规定以外的建筑，屋顶设备用房及其他局部突出屋面用房的总面积不超过屋面面积的1/4时，不应计入建筑高度。

3.2.7　建筑的室内净高应满足各类型功能场所空间净高的最低要求，地下室、局部夹层、公共走道、建筑避难区、架空层等有人员正常活动的场所最低处室内净高不应小于2.00 m。

4　建筑室外场地

4.1　环境与场地

4.1.1　民用建筑应结合当地的自然环境特征，集约利用资源，严格控制其对生态环境的不利影响。

4.1.2　建筑周围环境的空气、土壤、水体等不应对人体健康构成危害。存在污染的建设场地应采取有效措施进行治理，并应达到建设用地土壤环境质量要求。

4.1.3　建筑在建设和使用过程中，应采取控制噪声、振动、眩光等污染的措施，产生的废物、废气、废水等污染物应妥善处理。

4.1.4　建筑与危险化学品及易燃易爆品等危险源的距离，应满足有关安全规定。

4.1.5　建筑场地应符合下列规定：

1　有洪涝威胁的场地应采取可靠的防洪、防内涝措施;

2　当场地标高低于市政道路标高时,应有防止客水进入场地的措施;

3　场地设计标高应高于常年最高地下水位。

4.1.6　人员密集公共建筑的建筑基地应符合下列规定:

1　建筑基地的出入口应满足人员安全疏散要求;

2　建筑物主要出入口前应设置人员集散场地,其面积和长宽尺寸应根据使用性质和人数确定;

3　建筑基地内设置的绿地、停车场(位)或其他构筑物,不应对人员集散造成障碍。

4.2　建筑控制

4.2.1　除建筑连接体、地铁相关设施以及管线、管沟、管廊等市政设施外,建筑物及其附属设施不应突出道路红线或用地红线。

4.2.2　除地下室、地下车库出入口,以及窗井、台阶、坡道、雨篷、挑檐等设施外,建(构)筑物的主体不应突出建筑控制线。

4.2.3　骑楼、建筑连接体、沿道路红线的悬挑建筑等,不应影响交通、环保及消防安全。

4.3　基地道路

4.3.1　建筑基地内的道路系统应顺畅、便捷,保障车辆、行人交通安全,并应满足消防救援及无障碍通行要求。

4.3.2　建筑基地道路应与外部道路相连接。

4.3.3　建筑基地内机动车车库出入口与连接道路间应设置缓冲段。

4.3.4　建筑基地机动车出入口位置应符合下列规定:

1　不应直接与城市快速路相连接;

2　距周边中小学及幼儿园的出入口最近边缘不应小于20.0 m;

3　应有良好的视线,行车视距范围内不应有遮挡视线的障碍物。

4.3.5　建筑基地内道路的设置应符合下列规定:

1　基地内道路与城市道路连接处应设限速设施,道路应能通达建筑物的主要出入口;

2　当机动车道路改变方向时,路边绿化及建筑物应满足行车有效视距要求。

4.3.6　建筑基地内机动车道路应符合下列规定:

1　单车道宽度不应小于3.0 m,兼作消防车道时不应小于4.0 m;

2　双车道宽度不应小于6.0 m;

3　尽端式道路长度大于120 m时,应设置回车场地。

4.4　场地铺装与水体

4.4.1　场地内的人行道、广场等硬质铺装应保障人员通行的安全,且地面铺装面层应防滑。

4.4.2　允许车辆通行的广场,应满足车辆行驶、停放和载重的要求,且地面铺装面层应平整、防滑、耐磨。

4.4.3　人工水体岸边近 2.0 m 范围内的水深大于 0.50 m 时,应采取安全防护措施。

4.5　构筑物与设施

4.5.1　地下车库、地下室有污染性的排风口不应朝向邻近建筑的可开启外窗或取风口;当排风口与人员活动场所的距离小于 10 m 时,朝向人员活动场所的排风口底部距人员活动场所地坪的高度不应小于 2.5 m。

4.5.2　当建筑物上设置太阳能热水或光伏发电系统、暖通空调设备、广告牌、外遮阳设施、装饰线脚等附属构件或设施时,应采取防止构件或设施坠落的安全防护措施,并应满足建筑结构及其他相应的安全性要求。

4.5.3　基地内的生活垃圾收集站房应符合下列规定:

1　应配置上下水设施,地面、墙面应采用易清洁材料;

2　应满足垃圾分类储存的要求;

3　应设置满足垃圾车装载和运输要求的场地。

5　建筑通用空间

5.1　出入口

5.1.1　建筑出入口应根据场地条件、建筑使用功能、交通组织以及安全疏散等要求进行设置,并应安全、顺畅、便捷。

5.1.2　入口、门厅等人员通达部位采用落地玻璃时,应使用安全玻璃,并应设置防撞提示标识。

5.1.3　建筑出入口处应采取防止室外雨水侵入室内的措施。

5.2　台阶、人行坡道

5.2.1　当台阶、人行坡道总高度达到或超过 0.70 m 时,应在临空面采取防护措施。

5.2.2　建筑物主入口的室外台阶踏步宽度不应小于 0.30 m,踏步高度不应大于 0.15 m。

5.2.3　台阶踏步数不应少于 2 级,当踏步数不足 2 级时,应按人行坡道设置。

5.2.4　台阶、人行坡道的铺装面层应采取防滑措施。

5.3　楼梯、走廊

5.3.1　楼梯、走廊应安全、顺畅,并应满足人员通行、安全疏散等要求。

5.3.2　供日常交通用的公共楼梯的梯段最小净宽应根据建筑物使用特征,按人流股数和每股人流宽度 0.55 m 确定,并不应少于 2 股人流的宽度。

5.3.3　当公共楼梯单侧有扶手时,梯段净宽应按墙体装饰面至扶手中心线的水平距离计算。当公共楼梯两侧有扶手时,梯段净宽应按两侧扶手中心线之间的水平距离计算。当有凸出物时,梯段净宽应从凸出物表面算起。靠墙扶手边缘距墙面完成面净距不应小于 40 mm。

5.3.4　公共楼梯应至少于单侧设置扶手,梯段净宽达 3 股人流的宽度时应两侧设扶手。

5.3.5　当梯段改变方向时,楼梯休息平台的最小宽度不应小于梯段净宽,并不应小于 1.20 m；当中间有实体墙时，扶手转向端处的平台净宽不应小于 1.30 m。直跑楼梯的中间平台宽度不应小于 0.90 m。

5.3.6 公共楼梯正对(向上、向下)梯段设置的楼梯间门距踏步边缘的距离不应小于 0.60 m。

5.3.7 公共楼梯休息平台上部及下部过道处的净高不应小于 2.00 m，梯段净高不应小于 2.20 m。

5.3.8 公共楼梯每个梯段的踏步级数不应少于 2 级，且不应超过 18 级。

5.3.9 公共楼梯踏步的最小宽度和最大高度应符合表 5.3.9 的规定。螺旋楼梯和扇形踏步离内侧扶手中心 0.25 m 处的踏步宽度不应小于 0.22 m。

表 5.3.9 楼梯踏步最小宽度和最大高度 单位:m

楼梯类别	最小宽度	最大高度
以楼梯作为主要垂直交通的公共建筑、非住宅类居住建筑的楼梯	0.26	0.165
住宅建筑公共楼梯、以电梯作为主要垂直交通的多层公共建筑和高层建筑裙房的楼梯	0.26	0.175
以电梯作为主要垂直交通的高层和超高层建筑楼梯	0.25	0.180

注:表中公共建筑及非住宅类居住建筑不包括托儿所、幼儿园、中小学及老年人照料设施。

5.3.10 每个梯段的踏步高度、宽度应一致，相邻梯段踏步高度差不应大于 0.01 m，且踏步面应采取防滑措施。

5.3.11 当少年儿童专用活动场所的公共楼梯井净宽大于 0.20 m 时，应采取防止少年儿童坠落的措施。

5.3.12 除住宅外，民用建筑的公共走廊净宽应满足各类型功能场所最小净宽要求，且不应小于 1.30 m。

5.4 电梯、自动扶梯、自动人行道

5.4.1 设置电梯、自动扶梯、自动人行道应满足安全使用要求。民用建筑应按相关规范要求设置消防及无障碍电梯。

5.4.2 电梯设置应符合下列规定:

1 高层公共建筑和高层非住宅类居住建筑的电梯台数不应少于 2 台;

2 建筑内设有电梯时,至少应设置 1 台无障碍电梯;

3 电梯井道和机房与有安静要求的用房贴邻布置时,应采取隔振、隔声措施;

4 电梯机房应采取隔热、通风、防尘等措施,不应直接将机房顶板作为水箱底板,不应在机房内直接穿越水管或蒸汽管。

5.4.3 自动扶梯、自动人行道设置应符合下列规定:

1 出入口畅通区的宽度从扶手带端部算起不应小于 2.50 m;

2 位于中庭中的自动扶梯或自动人行道临空部位应采取防止人员坠落的措施;

3 两梯(道)相邻平行或交叉设置,当扶手带中心线与平行墙或楼板(梁)开口边缘完成面之间的水平投影距离、两梯(道)之间扶手带中心线的水平距离小于 0.50 m 时,

应在产生的锐角口前部 1.00 m 处范围内,设置具有防夹、防剪的保护设施或采取其他防止建筑障碍物伤害人员的措施;

4 自动扶梯的梯级、自动人行道的踏板或传送带上空,垂直净高不应小于 2.30 m。

5.5 公共厨房

5.5.1 公共厨房应符合食品卫生防疫安全和厨房工艺要求。

5.5.2 厨房专间、备餐区等清洁操作区内不应设置排水明沟,地漏应能防止浊气逸出。

5.5.3 厨房区、食品库房等用房应采取防鼠、防虫和防其他动物的措施,以及防尘、防潮、防异味和通风的措施。

5.5.4 公共厨房应采取防止油烟、气味、噪声及废弃物等对紧邻建筑物或空间环境造成污染的措施。

5.6 公共厕所(卫生间)

5.6.1 民用建筑应根据功能需求配置公共厕所(卫生间),并应设洗手设施。

5.6.2 公共厕所(卫生间)设置应符合下列规定:

1 应根据建筑功能合理布局,位置、数量均应满足使用要求;

2 不应布置在有严格卫生、安全要求房间的直接上层;

3 应根据人体活动时所占的空间尺寸合理布置卫生洁具及其使用空间,管道应相对集中,便于更换维修。

5.6.3 公共厕所(卫生间)男女厕位的比例应根据使用特点、使用人数确定。

5.6.4 公共厕所(卫生间)隔间的平面净尺寸应根据使用特点合理确定,并不应小于表 5.6.4 的规定值。

表 5.6.4 公共厕所(卫生间)隔间的平面最小净尺寸

类别	平面最小净尺寸(净宽度 m×净深度 m)
外开门的隔间	0.90×1.30(坐便)、0.90×1.20(蹲便)
内开门的隔间	0.90×1.50(坐便)、0.90×1.40(蹲便)

5.6.5 公共厕所内通道净宽应符合下列规定:

1 厕所隔间外开门时,单排厕所隔间外通道净宽不应小于 1.30 m;双排厕所隔间之间通道净宽不应小于 1.30 m;隔间至对面小便器或小便槽外沿的通道净宽不应小于 1.30 m。

2 厕所隔间内开门时,通道净宽不应小于 1.10 m。

5.7 母婴室

5.7.1 经常有母婴逗留的公共建筑内应设置母婴室。

5.7.2 公共建筑应根据公共场所面积、人流量、母婴逗留情况等因素,合理确定母婴室的位置、数量、面积及配置设施。

5.8　设备用房

5.8.1　建筑应按正常运行需要设置燃气、热力、给水排水、通风、空调、电力、通信等设备用房,设备用房应按功能需要满足安全、防火、隔声、降噪、减振、防水等要求。

5.8.2　设备用房、设备层的层高和垂直运输交通应满足设备荷载、安装、维修的要求,并应留有能满足最大设备安装、检修的进出口及检修通道。

5.8.3　设备机房应采取有效措施防止其对其他公共区域、邻近建筑或环境造成污染。

5.9　地下室、半地下室

5.9.1　地下室、半地下室的出入口(坡道)、窗井、风井,下沉庭院(下沉式广场)、地下管道(沟)、地下坑井等应采取必要的截水、挡水及排水等防止涌水、倒灌的措施,并应满足内涝防治要求。

5.9.2　地下室、半地下室与土壤接触的底板、顶板以及侧墙外壁,应满足防水、防潮要求。

5.9.3　当地下室顶板作为室外场地使用时,设计应满足日常使用的最大荷载要求,后期使用荷载不能超过设计的最大荷载要求。

5.9.4　窗井、风井、下沉庭院的顶部周边应设置安全防护设施。

6　建筑部件与构造

6.1　屋　面

6.1.1　屋面应合理采取保温、隔热、防水等措施。屋面防水应按排水与防水相结合的原则,根据建筑物的重要程度及使用功能,结合工程特点、气候条件等按不同等级设置防水层。

6.1.2　屋面应符合下列规定:

1　屋面应设置坡度,且坡度不应小于2%;

2　屋面设计应进行排水计算,天沟、檐沟断面及雨水立管管径、数量应通过计算合理确定;

3　装配式屋面应进行抗风揭设计,各构造层均应采取相应的固定措施;

4　严寒和寒冷地区的屋面应采取防止冰雪融坠的安全措施;

5　坡度大于45°瓦屋面,以及强风多发或抗震设防烈度为7度及以上地区的瓦屋面,应采取防止瓦材滑落、风揭的措施;

6　种植屋面应满足种植荷载及耐根穿刺的构造要求;

7　上人屋面应满足人员活动荷载,临空处应设置安全防护设施;

8　屋面应方便维修、检修,大型公共建筑的屋面应设置检修口或检修通道。

6.1.3　建筑采光顶采用玻璃时,面向室内一侧应采用夹层玻璃;建筑雨篷采用玻璃时,应采用夹层玻璃。

6.2　内墙、外墙

6.2.1　墙体应根据其在建筑物中的位置、作用和受力状态确定厚度、材料及构造做法,材料的选择应因地制宜。

6.2.2　外墙应根据气候条件和建筑使用要求,采取保温隔热、隔声、防火、防水、防潮和防结露等措施。

6.2.3　墙体防潮、防水应符合下列规定:

1　砌筑墙体应在室外地面以上、室内地面垫层处设置连续的水平防潮层,室内相邻地面有高差时,应在高差处贴邻土壤一侧加设防潮层;

2　有防潮要求的室内墙面迎水面应设防潮层,有防水要求的室内墙面迎水面应采取防水措施;

3　有配水点的墙面应采取防水措施。

6.2.4　外墙的洞口、门窗等处应采取防止墙体产生变形裂缝的加强措施。外窗台应采取排水、防水构造措施。

6.2.5　设置在墙上的内、外保温系统与墙体、梁、柱的连接应安全可靠。

6.2.6　安装固定在墙体上的设备或管道系统应安全可靠,并应具有防止雨水、雪水渗漏到室内的可靠措施。

6.2.7　安装在易于受到人体或物体碰撞部位的玻璃面板,应采取防护措施,并应设置提示标识。

6.2.8　建筑幕墙应综合考虑建筑类别、使用功能、高度、所在地域的地理气候、环境等因素,合理选择幕墙形式和面板材料,并应符合下列规定:

1　应具有承受自重、风、地震、温度作用的承载能力和变形能力,且应便于制作安装、维护保养及局部更换面板等构件;

2　应满足建筑需求的水密、气密、保温隔热、隔声、采光、耐撞击、防火、防雷等性能要求;

3　幕墙与主体结构的连接应牢固可靠,与主体结构的连接锚固件不应直接设置在填充砌体中;

4　幕墙外开窗的开启扇应采取防脱落措施;

5　玻璃幕墙的玻璃面板应采用安全玻璃,斜幕墙的玻璃面板应采用夹层玻璃;

6　超高层建筑的幕墙工程应设置幕墙维护和更换所需的装置;

7　外倾斜、水平倒挂的石材或脆性材质面板应采取防坠落措施。

6.3　楼面、地面

6.3.1　楼面、地面应根据建筑使用功能,满足隔声、保温、防水、防火等要求,其铺装面层应平整、防滑、耐磨、易清洁。

6.3.2　地面应根据需要采取防潮、防止地基土冻胀或膨胀、防止不均匀沉陷等措施。

6.3.3　建筑内的厕所(卫生间)、浴室、公共厨房、垃圾间等场所的楼面、地面,开敞式外廊、阳台的楼面应设防水层。

6.3.4　有易燃易爆物质的场所,有对静电敏感的电气或电子元件、组件、设备的场所,以及可能因人体静电放电对产品质量或人身安全带来危害的场所,应采用导(防)静电面层。

6.3.5　机动车库的楼面、地面应采用高强度且具有耐磨、防滑性能的材料。

6.3.6　存放食品、食料或药物的房间,楼面、地面面层应采用无污染、无异味、符合卫生防疫条件的环保材料。

6.3.7　地板玻璃应采用夹层玻璃,点支承地板玻璃应采用钢化夹层玻璃。钢化玻璃应进行均质处理。

6.4　顶棚、吊顶

6.4.1　建筑顶棚应满足防坠落、防火、抗震等安全要求,并应采取保障其安全使用的可靠技术措施。

6.4.2　吊顶与主体结构的吊挂应采取安全构造措施。质量大于 3 kg 的物体,以及有振动的设备应直接吊挂在建筑承重结构上。

6.4.3　吊杆长度大于 1.50 m 时,应设置反支撑。

6.4.4　吊杆、反支撑及钢结构转换层与主体结构的连接应安全牢固,且不应降低主体结构的安全性。

6.4.5　管线较多的吊顶内应留有检修空间。当空间受限不能进入检修时,应采用便于拆卸的装配式吊顶或设置检修孔。

6.4.6　面板为脆性材料的吊顶,应采取防坠落措施。玻璃吊顶应采用安全玻璃。

6.4.7　设置永久马道的,马道应单独吊挂在建筑承重结构上。

6.4.8　吊顶系统不应吊挂在吊顶内的设备管线或设施上。

6.4.9　吊顶内敷设水管应采取防止产生冷凝水的措施。

6.4.10　潮湿房间的吊顶,应采用防水或防潮材料,并应采取防结露、防滴水及排放冷凝水的措施。

6.4.11　室外吊顶应采取抗风揭措施;面板及支承结构表面应采取防腐措施。

6.5　门　窗

6.5.1　门窗选用应根据建筑使用功能、节能要求、所在地区气候条件等因素综合确定,应满足抗风、水密、气密等性能要求,并应综合考虑安全、采光、节能、通风、防火、隔声等要求。

6.5.2　门窗与墙体应连接牢固,不同材料的门窗与墙体连接处应采取适宜的连接构造和密封措施。

6.5.3　门的设置应符合下列规定:

1　门应开启方便、使用安全、坚固耐用;

2　手动开启的大门扇应有制动装置,推拉门应采取防脱轨的措施;

3　非透明双向弹簧门应在可视高度部位安装透明玻璃。

6.5.4　窗的设置应符合下列规定:

1　窗扇的开启形式应能保障使用安全,且应启闭方便,易于维修、清洗;

2　开向公共走道的窗扇开启不应影响人员通行,其底面距走道地面的高度不应小于 2.00 m;

3　外开窗扇应采取防脱落措施。

6.5.5　全玻璃的门和落地窗应选用安全玻璃,并应设防撞提示标识。

6.5.6　民用建筑(除住宅外)临空窗的窗台距楼地面的净高低于 0.80 m 时应设置防护设施,防护高度由楼地面(或可踏面)起计算不应小于 0.80 m。

6.5.7　天窗的设置应符合下列规定:

1　采光天窗应采用防破碎坠落的透光材料,当采用玻璃时,应使用夹层玻璃或夹层中空玻璃;

2　天窗应设置冷凝水导泄装置,采取防冷凝水产生的措施,多雪地区应考虑积雪对天窗的影响;

3　天窗的连接应牢固、安全,开启扇启闭应方便可靠。

6.6　栏杆、栏板

6.6.1　阳台、外廊、室内回廊、中庭、内天井、上人屋面及楼梯等处的临空部位应设置防护栏杆(栏板),并应符合下列规定:

1　栏杆(栏板)应以坚固、耐久的材料制作,应安装牢固,并应能承受相应的水平荷载;

2　栏杆(栏板)垂直高度不应小于 1.10 m。栏杆(栏板)高度应按所在楼地面或屋面至扶手顶面的垂直高度计算,如底面有宽度大于或等于 0.22 m,且高度不大于 0.45 m 的可踏部位,应按可踏部位顶面至扶手顶面的垂直高度计算。

6.6.2　楼梯、阳台、平台、走道和中庭等临空部位的玻璃栏板应采用夹层玻璃。

6.6.3　少年儿童专用活动场所的栏杆应采取防止攀滑措施,当采用垂直杆件做栏杆时,其杆件净间距不应大于 0.11 m。

6.6.4　公共场所的临空且下部有人员活动部位的栏杆(栏板),在地面以上 0.10 m 高度范围内不应留空。

6.7　管道井、烟道、通风道

6.7.1　管道井的设置应符合下列规定:

1　安全、防火或卫生等方面互有影响的管线不应敷设在同一管道井内;

2　管道井的断面尺寸应满足管道安装、检修所需空间的要求;

3　管道井与楼板的缝隙应采取封堵措施。

6.7.2　管道井、烟道和通风道应独立设置。

6.7.3　伸出屋面的烟道或排风道,其伸出高度应根据屋面形式、排出口周围遮挡物的高度和距离、屋面积雪深度等因素合理确定,应有利于烟气扩散和防止烟气倒灌。

6.8　变形缝

6.8.1　变形缝应根据建筑使用要求合理设置,并应采取防水、防火、保温、隔声等构造措施,各种措施应具有防老化、防腐蚀和防脱落等性能。

6.8.2　变形缝设置应能保障建筑物在产生位移或变形时不受阻,且不产生破坏。

6.8.3　厕所、卫生间、盥洗室和浴室等防水设防区域不应跨越变形缝。

6.8.4　配电间及其他严禁有漏水的房间不应跨越变形缝。

6.8.5　门不应跨越变形缝设置。

附件3　《建筑工程建筑面积计算标准(征求意见稿)》(GB/T 50353—202×)

1　总　则

1.0.1　为统一规范房屋建筑、构筑物等建筑工程建筑面积计算方法,制定本标准。

1.0.2　本标准适用于新建、扩建、改建的建筑工程从立项审批、设计、施工、竣工验收、房屋销售、房屋使用、征收拆除的建筑面积计算。

1.0.3　建筑工程建筑面积计算,除应符合本标准外,尚应符合国家现行有关标准的规定。

2　术　语

2.0.1　建筑面积 construction area
建筑工程楼地面处围护结构或围护设施外表面所围合的建筑空间的水平投影面积。

2.0.2　自然层 floor
按楼面或地面结构分层的楼层。

2.0.3　结构层高 structure story height
楼面或地面结构完成面上表面至上层结构完成面上表面之间的垂直距离。

2.0.4　结构净高 structure net height
楼面或地面结构完成面上表面至上层楼面或地面结构完成面下表面之间的垂直距离。

2.0.5　围护结构 envelop enclosure
围合形成物理封闭建筑空间的墙体(柱)、门、窗、幕墙等。

2.0.6　围护设施 enclosure facilities
围合形成不完全封闭建筑空间的柱、栏杆、栏板等。

2.0.7　建筑空间 architectural space
以围护结构或围护设施限定的供人们生活、生产活动的场所。

2.0.8　地下室 basement
室内地平面低于室外设计地平面的高度超过室内净高的1/2的空间。

2.0.9　半地下室 semi-basement
室内地平面低于室外设计地平面的高度超过室内净高的1/3,且不超过1/2的空间。

2.0.10　架空层 stilt floor
仅有结构支撑而无外围护结构的开敞空间层。

2.0.11　设备层 mechanical floor
建筑物中专为设置暖通、空调、给水、排水、电气等的设备和管道以及施工人员进入操作的空间层。

2.0.12　连廊 corridor
位于地面连接不同建筑物首层之间的水平交通空间。

2.0.13　架空走廊 elevated corridor
位于二层及以上楼层连接不同建筑物之间的水平交通空间。

2.0.14　檐廊 eaves gallery
位于建筑物首层外墙以外、屋(挑)檐下的水平交通空间。

2.0.15　挑廊 overhanging corridor
挑出建筑物外墙外的水平交通空间。

2.0.16　落地橱窗 french window
凸出外墙面且根基落地的玻璃窗。

2.0.17　凸(飘)窗 bay window
凸出建筑物外墙面的窗户。

2.0.18　门斗 foyer
建筑物入口处有顶盖和围护结构的全围合空间。

2.0.19　门廊 porch
建筑物入口处由顶盖和墙、柱等形成的半围合空间。

2.0.20　骑楼 overhang
建筑底层有沿街面后退且留作公共通行空间的建筑物。

2.0.21　过街楼 overhead building
跨越道路且两边相连接的建筑物。

2.0.22　露台 terrace
设置于建筑物的屋面、室外地面,供人室外活动的无顶盖、有围护设施的平台。

2.0.23　台阶 step
联系室内外地坪或同楼层不同标高而设置的阶梯形踏步。

2.0.24　建筑工程 building engineering
供人们进行生产、生活或其他活动使用、利用的房屋等建筑物、构筑物。

2.0.25　门厅 hall
位于建筑物入口处,用于人员集散并联系建筑室内外的枢纽空间。

3　计算建筑面积的规定

3.1　一般规定

3.1.1　建筑工程计算建筑面积应同时满足以下必要条件:
1　其外围护结构、围护设施能够形成封闭或不完全封闭建筑空间;
2　建筑空间结构层高在 2.20 m 及以上的,非水平面结构净高在 2.10 m 及以上的;
3　建筑空间能够通过水平或垂直交通空间正常出入的。

3.1.2　建筑工程建筑面积应按各自然层楼面或地面处围护结构外表面的水平面积之和计算;无围护结构的,以围护设施外表面的水平面积之和计算。

3.1.3　建筑工程在规划、设计、施工、预售等未竣工阶段,建筑面积应按建筑设计图纸尺寸计算;竣工后,建筑面积应通过实地测量获取。

3.1.4　建筑面积计算过程中,尺寸应按米取至三位小数,建筑面积应按平方米保留两位小数。

3.2　具体规定

3.2.1　建筑物内设有局部楼层的,局部楼层的二层及以上楼层,有围护结构的应按其围护结构外表面水平面积计算全面积;有围护设施的应按其围护设施外表面水平面积计算1/2面积。结构层高在2.20 m及以上的,应计算面积;结构层高在2.20 m以下的,不计算面积。

3.2.2　建筑物楼面、地面、顶面为斜面、曲面等非水平面的,有围护结构的应按其围护结构外表面水平面积计算全面积;有围护设施的应按其围护设施外表面水平面积计算1/2面积。结构净高在2.10 m及以上的部位,应计算面积;结构净高在2.10 m以下部位,不计算面积。

3.2.3　场馆看台下的建筑空间,有围护结构的应按其围护结构外表面水平面积计算全面积;室内单独设置的有围护设施的悬挑看台,应按其围护设施外表面水平面积计算1/2面积;有顶盖无围护结构的场馆看台应按其顶盖水平投影面积计算1/2面积。结构净高在2.10 m及以上的部位,应计算面积;结构净高在2.10 m以下部位,不计算面积。

3.2.4　地下室、半地下室,应按其围护结构外表面水平面积计算建筑面积。结构层高在2.20 m及以上的,应计算全面积;结构层高在2.20 m以下的,不计算面积。

3.2.5　出入口坡道有顶盖的部位,应按其围护设施外表面水平面积计算建筑面积。结构净高在2.10 m及以上的,应计算1/2面积;结构净高在2.10 m以下的,不计算面积。

3.2.6　建筑物架空层,应按其围护设施外表面水平面积计算建筑面积。结构层高在2.20 m及以上的,应计算全面积;结构层高在2.20 m以下的,不计算面积。

3.2.7　建筑物的门厅、大厅按一层计算建筑面积。结构层高在2.20 m及以上的,应计算全面积;结构层高在2.20 m以下的,不计算面积。

3.2.8　建筑物间的架空走廊、连廊,有围护结构的应按其围护结构外表面水平面积计算全面积;有围护设施的应按其围护设施外表面水平面积计算1/2面积。结构层高在2.20 m及以上的,应计算面积;结构层高在2.20 m以下的,不计算面积。

3.2.9　立体车库等,无结构层的应按一层计算,有结构层的应按其结构层面积分别计算。有围护结构的应按其围护结构外表面水平面积计算全面积;有围护设施的应按其围护设施外表面水平面积计算1/2面积。结构层高在2.20 m及以上的,应计算面积;结构层高在2.20 m以下的,不计算面积。

3.2.10　有围护结构的舞台灯光控制室,应按其围护结构外表面水平面积计算建筑面积。结构层高在2.20 m及以上的,应计算全面积;结构层高在2.20 m以下的,不计算面积。

3.2.11　附属在建筑物外墙以外的落地橱窗应按其围护结构外表面水平面积计算建筑面积。结构层高在2.20 m及以上的,应计算全面积;结构层高在2.20 m以下的,不计算面积。

3.2.12　窗台与室内楼面或地面高差在0.40 m以下且结构净高在2.10 m及以上的凸(飘)窗,应按其围护结构外表面水平面积计算建筑面积。窗台与室内楼面或地面高差在0.15 m及以下的,应计算全面积;窗台与室内楼面或地面高差在0.15 m以上、0.40 m

以下的,应计算1/2面积。

3.2.13 有围护设施的挑廊、檐廊、室外走廊,应按其围护设施外表面水平面积计算建筑面积。结构层高在2.20 m及以上的,应计算1/2面积;结构层高在2.20 m以下的,不计算面积。

3.2.14 门斗应按其围护结构外表面水平面积计算建筑面积。结构层高在2.20 m及以上的,应计算全面积;结构层高在2.20 m以下的,不计算面积。

3.2.15 门廊、有柱雨篷应按其围护设施外表面水平面积计算建筑面积。结构层高在2.20 m及以上的,应计算1/2面积;结构层高在2.20 m以下的,不计算面积。

3.2.16 建筑物凸出顶部的楼梯间、水箱间、电梯机房等,应按其围护结构外表面水平面积计算建筑面积。结构层高在2.20 m及以上的,应计算全面积;结构层高在2.20 m以下的,不计算面积。

3.2.17 围护结构不垂直于水平面的、围护结构为曲面或变截面的,结构净高在2.10 m及以上的部位,应计算全面积;结构净高在2.10 m以下的部位,不计算面积。

3.2.18 建筑物的提物井、管道井、通风排气等竖井、电梯井、烟道及室内楼梯(间),应并入建筑物的自然层、设备层、转换层、避难层、局部楼层计算建筑面积。有顶盖的采光井应按一层计算建筑面积,结构层高在2.20 m及以上的,应计算全面积;结构层高在2.20 m以下的,不计算面积。

3.2.19 室外楼梯应并入所依附建筑物自然层,并按其水平投影面积计算建筑面积。结构层高在2.20 m及以上的,应计算1/2面积;结构层高在2.20 m以下的,不计算面积。

3.2.20 阳台、入户花园等,有围护结构的应按其围护结构外表面水平面积计算全面积;有围护设施的应按其围护设施外表面水平面积计算1/2面积。结构层高在2.20 m及以上的,应计算面积;结构层高在2.20 m以下的,不计算面积。

3.2.21 车棚、货棚等,有围护结构的应按其围护结构外表面水平面积计算全面积;无围护结构的应按其顶盖水平投影面积计算1/2面积。结构层高在2.20 m及以上的,应计算面积;结构层高在2.20 m以下的,不计算面积。

3.2.22 建筑物内的变形缝,应按其自然层、设备层、转换层、避难层、局部楼层,合并在建筑物建筑面积内计算;对于高低联跨的建筑物,当高低跨内部连通时,其变形缝应在低跨建筑物建筑面积内计算。

3.2.23 建筑物的其他建筑空间,有围护结构的,结构层高2.20 m及以上的,应按其围护结构外表面水平面积计算全面积;有围护设施的,结构层高在2.20 m及以上的,应按其围护设施外表面水平面积计算1/2面积。

3.2.24 下列建筑物、建筑物部位、构筑物不应计算面积:

1 与建筑物内不相连通的建筑部位;

2 骑楼、过街楼底层公共通行空间、通道;

3 舞台及后台悬挂幕布和布景的天桥、挑台等;

4 无顶盖的场馆看台和采光井、露台、花架、屋顶装饰性构件、泳池、水箱;

5 建筑物的设备平台、操作平台、上料平台,建筑物中的箱、罐平台;

6 台阶、无柱雨篷、空调室外机搁板(箱)、爬梯;

7　窗台与室内楼面或地高差在 0.40 m 以下且结构净高在 2.10 m 以下的凸(飘)窗,窗台与室内楼面或地面高差在 0.4 m 及以上的凸(飘)窗;

8　建筑物以外的地下人防通道,独立的烟囱、烟道、竖井、地沟、油(水)罐、气柜、水塔、贮油(水)池、贮仓、栈桥等构筑物。

第十六章 合同的应用

本章要点

1. 合同的分类及名词术语。
2. 建设项目工程总承包合同和建设工程施工合同。
3. 合同在工程中的作用。

一、合同的分类及名词术语

建筑合同通常可以按照以下几种方式进行分类：

(1)按照合同的性质分类：分为设计合同、施工合同、监理合同、勘察合同等。

(2)按照合同的结算方式分类：分为总价合同、成本加酬金合同、费用总额合同等。

(3)按照合同的履行方式分类：分为总承包合同、分包合同、劳务合同等。

(4)按照合同的工程性质分类：分为房屋建筑工程合同、市政公用工程合同、园林绿化工程合同等。

工程总承包是承包人按照与发包人订立的建设项目工程总承包合同,对约定范围内的设计、采购、施工或者设计、施工等阶段实行承包建设,并对工程的质量、安全、工期和造价等全面负责的工程建设组织实施方式。

施工总承包是承包人按照与发包人订立的建设工程施工合同,对约定范围的施工阶段实行承包建设,并对工程施工的质量、安全、工期和造价负责的工程建设组织实施方式。

单价合同是发承包双方约定以工程量清单及其综合单价进行合同价款计算、调整和确认的建设工程施工合同。

总价合同是发承包双方约定以施工图及其预算和有关条件进行合同价款计算、调整和确认的建设工程施工合同。

成本加酬金合同是发承包双方约定以施工工程成本再加合同约定酬金进行合同价款计算、调整和确认的建设工程施工合同。

实行工程量清单计价的工程,应采用单价合同;建设规模较小、技术难度较低、工期较短,且施工图设计已审查批准的建设工程,可采用总价合同;紧急抢险、救灾及施工技术特别复杂的建设工程,可采用成本加酬金合同。

二、建设项目工程总承包合同和建设工程施工合同

建设工程施工合同和建设项目工程总承包合同都是建筑领域中常用的合同类型。

建设工程施工合同是指业主和施工单位在建筑工程建设过程中,签订的约定双方权利义务、质量标准、合同价款等方面的合同。

建设项目工程总承包合同是指业主与承包商在建筑工程建设过程中,由承包商承担

建筑工程物料采购、施工、组织协调、工程管理等全部或部分工作的合同。该合同类型对承包商的资金实力和施工经验有一定要求。

　　建设工程施工合同与建设项目工程总承包合同都是建筑工程中不可或缺的合同类型,在建筑市场的发展中起到了重要的作用。

　　建设工程施工合同和建设项目工程总承包合同是建筑领域中常用的合同类型。两者之间有以下区别:

　　(1)合同对象不同。建设工程施工合同主要针对施工单位与业主之间的合同关系,约定双方权利义务、质量标准、合同价款等方面的内容;而建设项目工程总承包合同涵盖了物料采购、施工、组织协调、工程管理等全部或部分工作。

　　(2)合同性质不同。建设工程施工合同是一种单项合同,即以某一建筑工程为合同标的;而建设项目工程总承包合同是一种全包合同,即以某一建筑工程全部施工过程为合同标的。

　　(3)合同规模不同。建设工程施工合同与业主签订后,施工单位只需要承担自己所承包的部分的风险;而建设项目工程总承包合同由总承包商承担全部或部分工作,相较于施工合同规模更大。

　　具体内容可参考:《建设项目工程总承包合同(示范文本)》(GF-2020-0216)、《建设工程施工合同》(GF-2017-0201)。

三、合同在工程中的作用

　　在建筑工程中,合同是对工程项目进行约定和规范的法律文书,其作用主要包括以下几个方面:

　　(1)确定双方权利义务。合同确定了建筑业主和承包商之间的权利义务关系,以及工程项目的基本条件、工程量、施工期等细节问题,确保了双方有关利益的合法性和明确性。

　　(2)规范施工行为。合同规定了承包商在施工过程中应当遵守的规范和标准,这有助于防止施工不合理、粗心大意或者造假等情况发生,保障工程项目的质量和安全。

　　(3)保证项目进度。合同约定了工程项目完成的期限和工程进度计划,约束承包商按时完成任务,避免拖延工期对工程质量造成威胁。

　　(4)风险控制。合同可以规范承包商的责任和保险责任,使工程项目的相关风险得到控制和规避。

　　(5)解决纠纷。合同是在建筑工程中解决争议和纠纷的重要依据。如若出现一方当事人未按照约定进行施工,而引起纠纷时,则另一方可以根据合同条款进行维权和索赔。

　　综上所述,合同在建筑工程中具有极其重要的作用,它规范了工程项目的基本条件和标准,合理约束了各方当事人的行为,并保障了工程项目的质量和安全,同时避免了工程纠纷的发生。

第十七章 建筑业新技术

本章要点

1. 建筑业 10 项新技术内容。
2. 建筑业新技术在造价中的处理。
3. 建筑业新技术与造价的关系。

一、建筑业 10 项新技术内容

为贯彻落实《国务院办公厅关于促进建筑业持续健康发展的意见》（国办发〔2017〕19号），加快促进建筑产业升级，增强产业建造创新能力，住房和城乡建设部部组织编制了《建筑业 10 项新技术(2017 版)》，其目录汇总见表 17-1。

表 17-1　建筑业 10 项新技术(2017 版)

1　地基基础和地下空间工程技术	1.1	灌注桩后注浆技术
	1.2	长螺旋钻孔压灌桩技术
	1.3	水泥土复合桩技术
	1.4	混凝土桩复合地基技术
	1.5	真空预压法组合加固软基技术
	1.6	装配式支护结构施工技术
	1.7	型钢水泥土复合搅拌桩支护结构技术
	1.8	地下连续墙施工技术
	1.9	逆作法施工技术
	1.10	超浅埋暗挖施工技术
	1.11	复杂盾构法施工技术
	1.12	非开挖埋管施工技术
	1.13	综合管廊施工技术

续表 17-1

		2.1	高耐久性混凝土技术
2	钢筋与混凝土技术	2.2	高强高性能混凝土技术
		2.3	自密实混凝土技术
		2.4	再生骨料混凝土技术
		2.5	混凝土裂缝控制技术
		2.6	超高泵送混凝土技术
		2.7	高强钢筋应用技术
		2.8	高强钢筋直螺纹连接技术
		2.9	钢筋焊接网应用技术
		2.10	预应力技术
		2.11	建筑用成型钢筋制品加工与配送技术
		2.12	钢筋机械锚固技术
3	模板脚手架技术	3.1	销键型脚手架及支撑架
		3.2	集成附着式升降脚手架技术
		3.3	电动桥式脚手架技术
		3.4	液压爬升模板技术
		3.5	整体爬升钢平台技术
		3.6	组合铝合金模板施工技术
		3.7	组合式带肋塑料模板技术
		3.8	清水混凝土模板技术
		3.9	预制节段箱梁模板技术
		3.10	管廊模板技术
		3.11	3D 打印装饰造型模板技术
4	装配式混凝土结构技术	4.1	装配式混凝土剪力墙结构技术
		4.2	装配式混凝土框架结构技术
		4.3	混凝土叠合楼板技术
		4.4	预制混凝土外墙挂板技术
		4.5	夹心保温墙板技术
		4.6	叠合剪力墙结构技术
		4.7	预制预应力混凝土构件技术
		4.8	钢筋套筒灌浆连接技术
		4.9	装配式混凝土结构建筑信息模型应用技术
		4.10	预制构件工厂化生产加工技术

续表 17-1

5　钢结构技术	5.1	高性能钢材应用技术
	5.2	钢结构深化设计与物联网应用技术
	5.3	钢结构智能测量技术
	5.4	钢结构虚拟预拼装技术
	5.5	钢结构高效焊接技术
	5.6	钢结构滑移、顶(提)升施工技术
	5.7	钢结构防腐防火技术
	5.8	钢与混凝土组合结构应用技术
	5.9	索结构应用技术
	5.10	钢结构住宅应用技术
6　机电安装工程技术	6.1	基于 BIM 的管线综合技术
	6.2	导线连接器应用技术
	6.3	可弯曲金属导管安装技术
	6.4	工业化成品支吊架技术
	6.5	机电管线及设备工厂化预制技术
	6.6	薄壁金属管道新型连接安装施工技术
	6.7	内保温金属风管施工技术
	6.8	金属风管预制安装施工技术
	6.9	超高层垂直高压电缆敷设技术
	6.10	机电消声减振综合施工技术
	6.11	建筑机电系统全过程调试技术
7　绿色施工技术	7.1	封闭降水及水收集综合利用技术
	7.2	建筑垃圾减量化与资源化利用技术
	7.3	施工现场太阳能、空气能利用技术
	7.4	施工扬尘控制技术
	7.5	施工噪声控制技术
	7.6	绿色施工在线监测评价技术
	7.7	工具式定型化临时设施技术
	7.8	垃圾管道垂直运输技术
	7.9	透水混凝土与植生混凝土应用技术
	7.10	混凝土楼地面一次成型技术
	7.11	建筑物墙体免抹灰技术

续表 17-1

	8.1 防水卷材机械固定施工技术
	8.2 地下工程预铺反粘防水技术
	8.3 预备注浆系统施工技术
	8.4 丙烯酸盐灌浆液防渗施工技术
8 防水技术与围护	8.5 种植屋面防水施工技术
结构节能	8.6 装配式建筑密封防水应用技术
	8.7 高性能外墙保温技术
	8.8 高效外墙自保温技术
	8.9 高性能门窗技术
	8.10 一体化遮阳窗
	9.1 消能减震技术
	9.2 建筑隔震技术
	9.3 结构构件加固技术
	9.4 建筑移位技术
9 抗震、加固与监测技术	9.5 结构无损性拆除技术
	9.6 深基坑施工监测技术
	9.7 大型复杂结构施工安全性监测技术
	9.8 爆破工程监测技术
	9.9 受周边施工影响的建(构)筑物检测、监测技术
	9.10 隧道安全监测技术
	10.1 基于BIM的现场施工管理信息技术
	10.2 基于大数据的项目成本分析与控制信息技术
	10.3 基于云计算的电子商务采购技术
	10.4 基于互联网的项目多方协同管理技术
10 信息化技术	10.5 基于移动互联网的项目动态管理信息技术
	10.6 基于物联网的工程总承包项目物资全过程监管技术
	10.7 基于物联网的劳务管理信息技术
	10.8 基于GIS和物联网的建筑垃圾监管技术
	10.9 基于智能化的装配式建筑产品生产与施工管理信息技术

二、建筑业新技术在造价中的处理

(1)定额企业管理费的检验试验费。是指施工企业按照有关标准规定,对建筑及材料、构件和建筑安装物进行一般鉴定、检查所发生的费用,包括自设试验室进行试验所耗用的材料等费用。不包括新结构、新材料的试验费,对构件做破坏性试验及其他特殊要求检验试验的费用和建设单位委托检测机构进行检测的费用,对此类检测发生的费用,由建设单位在工程建设其他费用中列支。但对施工企业提供的具有合格证明的材料进行检测不合格的,该检测费用由施工企业支付。

(2)对于建筑业新技术、新材料、新工艺、新设备,具体可参考《建筑业 10 项新技术(2017 版)》,预算定额代表社会平均水平,不包含四新内容,组价需要注意。

三、建筑业新技术与造价的关系

建筑业新技术的应用会对建筑项目的造价产生影响。一方面,新技术的应用可能会提高建筑品质和效率,从而减少建造周期和后期维护成本,从长远角度来看有降低造价的潜力;另一方面,新技术的运用需要付出研发、引进、培训等成本,而且有可能会导致部分工种失去用武之地,这些都会增加项目的初期投入成本。

因此,在处理建筑新技术在造价中的问题时,需要综合考虑以下几个因素:

(1)评估新技术带来的潜在效益。在引入新技术前需要对其潜在效益进行评估,梳理出对项目造价影响的正面和负面因素,包括初期投资、后期维护成本、效益提升等。

(2)设立预算。在制订项目预算时,应对新技术的使用给出相应的预算,并根据实际情况进行调整。

(3)考虑多方利益。新技术的推广需要各个利益相关方的共同支持,如建筑设计师、施工方、监理机构和业主等,因此应该在财务评估的基础上,充分考虑所有相关方的反馈和意见,确保技术的应用能够实现理想效果。

第十八章　财务分析

1. 利润及利润分配表和现金流量表。
2. 盈亏平衡分析。
3. 造价与财务分析之间的关系。

一、利润及利润分配表及现金流量表

建筑业财务报表通常包括资产负债表、利润及利润分配表和现金流量表、盈亏平衡表（见表 18-1、表 18-2）。

（1）资产负债表。展示企业在某一时点的财务状况，反映企业经营活动所形成的资产、负债和净资产的总额。资产负债表的主要构成包括资产、负债和股东权益三部分。

（2）收入支出表。反映了企业在一定时间内的经营情况，主要呈现企业的营业收入、生产成本、销售费用、管理费用、财务费用、利润总额等内容，可以帮助企业掌握自身的盈利能力和经营状况。

（3）现金流量表。反映了企业在某一时间段内的现金流入和流出情况，包括经营活动产生的现金流量、投资活动产生的现金流量和筹资活动产生的现金流量。现金流量表可以帮助企业控制现金流量，更好地应对未来的经营需要。

建筑业财务报表的编制需要遵循相关的财务规范和标准，如《企业会计准则》《建筑施工企业财务管理办法》等。同时，建筑企业需要根据自身的情况和需要，对财务报表进行适当的调整和修正，以满足经营管理和内部管理的要求。

表 18-1　某项目利润与利润分配表构成及评价指标　　　　　　　　单位：万元

序号	项目	计算方法
1	营业收入	营业收入 = 设计生产能力×产品单价×年生产负荷 可分为不含销项税及含销项税两种情况
2	增值税附加	增值税附加 = 增值税×增值税附加税率
3	总成本费用	总成本费用 = 经营成本+折旧费+摊销费+利息支出+维持运营投资 年摊销费 = 无形资产（或其他资产）/摊销年限 利息支出 = 长期借款利息+流动资金借款利息+临时借款利息 可分为不含可抵扣进项税及含可抵扣进项税，建议按不含税的计算
4	补贴收入	一般已知

续表 18-1

序号	项目	计算方法
5	利润总额	可分为不含税及含税两种计算方式:利润总额=营业收入(不含销项税)-总成本费用(不含可抵扣进项税)-增值税附加+补贴 利润总额=营业收入(含销项税)-总成本费用(含可抵扣进项税)-增值税-增值税附加+补贴
6	弥补以前年度亏损	利润总额中用于弥补以前年度亏损的部分
7	应纳税所得额	应纳税所得额=(5-6)
8	所得税	所得税=(7)×所得税率
9	净利润(5-8)	净利润(5-8)=利润总额-所得税
10	期初未分配利润	上一年度末留存的利润
11	可供分配的利润	可供分配的利润=(9+10)
12	提取法定盈余公积金	按净利润提取=净利润×10%
13	可供投资者分配的利润(11-12)	可供投资者分配的利润=(11-12)
14	应付投资者各方股利	视企业分配情况填写
15	未分配利润(13-14)	未分配利润=可供投资者分配的利润-应付投资者各方的股利 说明:未分配利润主要用于偿还借款及转入下年度
15.1	用于还款利润（难点）	学习思路建议:用于还款的未分配利润=应还本金-折旧费-摊销费 (1)某年可能会出现以下两种情况: 第一种:未分配利润+折旧费+摊销费<该年应还本金,则该年的未分配利润全部用于还款,不足部分为该年的资金亏损,并需用临时借款来弥补偿还本金的不足部分。 第二种:未分配利润+折旧费+摊销费>该年应还本金,则该年为资金盈余年份,用于还款的未分配利润按以下公式计算:该年用于还款未分配利润=当年应还本金-折旧费-摊销费 (2)也可根据偿债备付率是否大于1判断可否满足还款要求。 计算公式如下:偿债备付率=可用于还本付息的资金/当期应还本付息的金额=(息税前利润加折旧费和摊销费-企业所得税)/当期应还本付息的金额=(折旧和摊销+可用于还款的未分配利润+总成本费用中列支的利息费用)/当期应还本付息的金额=(营业收入-经营成本-增值税附加-所得税)/当期应还本付息的金额
15.2	剩余利润(转下年期初未分配利润)(15-15.1)	剩余利润(转下年期初未分配利润)=15-15.1

续表 18-1

序号	项目	计算方法
16	息税前利润(EBIT)(利润总额+利息支出)	息税前利润(EBIT)=利润总额+利息支出=5+利息支出
17	息税折旧摊销前利润(EBITDA)(息税前利润+折旧费+摊销费)	息税折旧摊销前利润(EBITDA)=息税前利润+折旧费+摊销费=16+折旧费+摊销费

基于利润与利润分配表的财务评价:

(1)主要评价指标:总投资收益率(ROI)、项目资本金净利润率(ROE)。

(2)相关计算公式:总投资收益率(ROI)=[正常年份(或运营期内年平均)息税前利润/总投资]×100%,项目资本金净利润率(ROE)=[正常年份(或运营期内年平均)净利润/项目资本金]×100%。

(3)财务评价:总投资收益率≥行业收益率参考值,项目可行;项目资本金净利润率≥行业资本金净利润率,项目可行

表 18-2 某项目资本金现金流量表构成及财务评价指标　　　　　单位:万元

序号	项目	计算方式
1	现金流入	1=1.1+1.2+1.3+1.4+1.5
1.1	营业收入(不含销项税额)	年营业收入=设计生产能力×产品单价×年生产负荷
1.2	销项税额	一般已知
1.3	补贴收入	补贴收入是指与收益相关的政府补贴
1.4	回收固定资产余值(一般发生在运营期末)	固定资产余值=(固定资产使用年限-运营期)×年折旧费+残值 年折旧费=(固定资产原值-残值-可抵扣的固定资产进项税额)÷折旧年限 固定资产残值=(固定资产原值-可抵扣的固定资产进项税额)×残值率 说明:因为是融资后的分析,所以固定资产原值中包含建设期利息
1.5	回收流动资金(一般发生在运营期末)	各年投入的流动资金在项目期末一次全额回收
2	现金流出	2=2.1+2.2+2.3+2.4+2.5+2.6+2.7+2.8+2.9
2.1	项目资本金	建设期和运营期各年投资中的自有资金部分

续表 18-2

序号	项目	计算方法
2.2	借款本金偿还	借款本金=长期(建设期)借款本金+流动资金借款本金+临时借款本金
2.3	借款利息支付	利息=长期借款利息+流动资金借款利息+临时借款利息
2.4	经营成本(不含进项税额)	一般发生在运营期的各年
2.5	进项税额	一般已知
2.6	应纳增值税	应纳增值税(运营期第 1 年)=当年销项税额−当年进项税额−可抵扣固定资产进项税额 应纳增值税(其他运营年份)=当年销项税额−当年进项税额−上一年未抵扣的进项税额
2.7	增值税附加	增值税附加=增值税×增值税附加税率
2.8	维持运营投资	有些项目运营期内需投入的固定资产投资,一般已知
2.9	所得税	所得税=(利润总额−亏损)×所得税率
3	所得税后净现金流量(1−2)	净现金流量=1−2
4	累计税后净现金流量	各年净现金流量的累计值
5	折现率 10%	第 t 年折现系数:$P/F=(1+i)-t$
6	折现后净现金流量	各对应年份 3×5
7	累计折现净现金流量	各年折现净现金流量的累计值

基于项目资本金现金流量表的财务评价指标

1. 评价指标。净现值(FNPV)、内部收益率(FIRR)、静态投资回收期、动态投资回收期(P_t 或 P_t')

(1)净现值为表中最后一年的累计折现净现金流量。

(2)静态投资回收期=(累计净现金流量出现正值的年份−1)+(出现正值年份上年累计净现金流量绝对值÷出现正值年份当年净现金流量)。

(3)动态投资回收期=(累计折现净现金流量出现正值的年份−1)+(出现正值年份上年累计折现净现金流量绝对值÷出现正值年份当年折现净现金流量)。

(4)内部收益率=FIRR=$i_1+(i_2-i_1)×[FNPV_1÷(|FNPV_1|+|FNPV_2|)]$。

2. 财务评价。净现值≥0,项目可行;内部收益率≥行业基准收益率,项目可行;静态投资回收期≤行业基准回收期,项目可行;动态投资回收期≤项目计算期,项目可行。反之不可行

二、盈亏平衡分析

盈亏平衡表是一种财务报表,用于分析企业的盈利能力。它反映了企业在特定的经营条件下,实现利润或亏损所需的最小收入额,即所谓的盈亏平衡点。盈亏平衡点是指企业在一定的生产或销售规模下,能够覆盖全部固定成本和可变成本,并达到零利润的销售额或产量。

盈亏平衡分析按年分析,盈亏平衡点即利润总额=0时所对应的盈亏平衡产量或盈亏平衡单价。

利润总额=营业收入(不含销项税)-总成本(不含进项税)-增值税附加=0

例如,某新建项目正常年份的设计生产能力为100万件某产品,年固定成本为600万元(不含可抵扣进项税),单位产品不含税销售价预计为56元,单位产品不含税可变成本估算额为50元。企业适用的增值税税率为13%,增值税附加税税率为12%,单位产品平均可抵扣进项税预计为5元。对项目进行盈亏平衡分析,计算项目的产量盈亏平衡点。

盈亏平衡点,即利润总额=0,设盈亏平衡产量为A;

利润总额=营业收入(不含销项税)-总成本(不含进项税)-增值税附加=0;

$56A-(600+50A)-(56A\times13\%-5A)\times12\%=0$;

$A=104.78$(万件)。

三、造价与财务分析之间的关系

造价是指一个工程项目发生的全部费用,包括建筑材料、人工、设备使用费、管理费等。财务分析是一种评估企业财务状况和经营效益的方法,主要通过对企业财务报表的分析,以及对未来收入和支出的预测来进行。

造价和财务分析之间的关系主要体现在以下几个方面:

(1)造价是财务分析的重要组成部分。一个工程项目的造价决定了企业的成本和利润,这直接影响到财务报表的数据。

(2)财务分析可以针对工程项目的造价进行深入分析。财务分析可以通过对工程项目各项成本的细致分析,了解其影响因素和优化空间,提高工程的质量和效益。

(3)造价和财务分析相互促进,帮助企业决策。通过综合考虑工程项目的造价和财务状况,企业可以更好地制定经营策略,实现收益最大化。

(4)造价和财务分析也有协同作用。例如,在制定项目预算时,需要通过财务分析的方法来评估采用不同方案所产生的收支情况,从而确定最优方案,并且根据预算情况进一步进行造价控制。

因此,可以看出,造价和财务分析之间存在着密不可分的关系,构成了企业管理中的一个重要环节。

参 考 文 献

[1] 中华人民共和国住房和城乡建设部.房屋建筑与装饰工程工程量计算规范:GB 50854—2013[S].北京:中国计划出版社,2013.

[2] 中华人民共和国住房和城乡建设部.房屋建筑与装饰工程消耗量定额:TY 01-31—2015[S].北京:中国计划出版社,2015.

[3] 河南省建筑工程标准定额站.河南省房屋建筑与装饰工程预算定额:HA 01-31—2016[S].北京:中国建筑工业出版社.

[4] 中华人民共和国住房和城乡建设部.建设工程施工机械台班费用编制规则[S].北京:中国计划出版社,2015.

[5] 中华人民共和国住房和城乡建设部.建筑安装工程工期定额:TY 01-89—2016[S].北京:中国计划出版社,2016.

[6] 中华人民共和国住房和城乡建设部.建筑工程建筑面积计算规范:GB/T 50353—2013[S].北京:中国计划出版社,2014.

[7] 中华人民共和国住房和城乡建设部.民用建筑通用规范:GB 55031—2022[S].北京:中国建筑工业出版社,2022.